中国古代茶文化

吴 雨 著

中国商业出版社

图书在版编目（CIP）数据

中国古代茶文化 / 吴雨著 . -- 北京：中国商业出版社，2022. 10

ISBN 978-7-5208-2075-2

Ⅰ. ①中… Ⅱ. ①吴… Ⅲ. ①茶文化－中国－古代
Ⅳ. ① TS971.21

中国版本图书馆 CIP 数据核字（2022）第 102562 号

责任编辑：王　静

中国商业出版社出版发行
（www. zgsycb. com　100053　北京广安门内报国寺 1 号）
总编室：010-63180647　编辑室：010-83114579
发行部：010-83120835/8286
新华书店经销
三河市吉祥印务有限公司印刷
*
710 毫米 ×1000 毫米　16 开　13 印张　176 千字
2022 年 10 月第 1 版　2022 年 10 月第 1 次印刷
定价：47.00 元
* * * *
（如有印装质量问题可更换）

序言

国粹者，民族文化之精髓也。

中华民族在漫长的发展历程中，依靠勤劳的素质和智慧的力量，创造了灿烂的文化，从文学到艺术，从技艺到科学，创造出数不尽的文明成果。国粹具有鲜明的民族特色，显示出中华民族独特的艺术渊源以及技艺发展轨迹，是民族智慧的结晶。

梁启超在 1902 年写给黄遵宪的信中就直接使用了“国粹”这一概念，其观点在于“养成国民，当以保存国粹为主义，当取旧学磨洗而光大之”。当时国粹派的代表人物黄节于 1902 年在《国粹保存主义》一文中写道：“夫国粹者，国家特别之精神也。”章太炎 1906 年在《东京留学生欢迎会演说辞》里也提出了“用国粹激动种性”的问题。

1905 年《国粹学报》在上海的创刊第一次将“国粹”的概念带入了大众的视野。当时国粹派的主要代表人物有章太炎、刘师培、邓实、黄节、陈去病、黄侃、马叙伦等。为应对西方文化输入的影响，他们高扬起“国学”旗帜：“不自主其国，而奴隶于人之国，谓之国奴；不自主其学，而奴隶于人之学，谓之学奴。奴于外族之专制谓之国奴，奴于东西之学，亦何得而非奴也。同人痛国之不立而学之日亡，于是瞻天与火，类族辨物，创为《国粹学报》，以告海内。”（章太炎：《国粹学报发刊词》）

中华民族经历着伟大的历史复兴，中国崛起于世界之林，随着经济的发展，国家日渐强大，文化的影响力日益凸显。

20世纪，特别是80年代以来，国学已是社会和学界关注的热门。21世纪，我国经济、文化有了更大的发展，从文化自信到文化强国，我们有全面梳理中国传统文化精华，并加以宣扬和传播的使命与义务，以便广大读者特别是青少年，对其重新认知和用心守护。

因此，国粹系列丛书的出版恰逢其时。这套书有四大特色。

第一，这套书是在当下信息时代的大背景下，立足中国传统文化经典，重视学术资料性，以图文并茂的形式，全面系统地阐释中华国粹。同时，每一种书都有深入探索，在“历史—文化”的综合视野下，对各时代人们的生活情趣和心理境界作了具体探讨。它既是记录中华国粹经典、普及中华文明的读物，又是兼具严肃性和权威性的中华文化典藏之作，可以说是学术性与普及性的结合。这当能使我们现代年青一代，认识中华文化之博大精深，感受中华国粹之独特魅力，进而弘扬中华文化，激发爱国主义热情。

第二，这套书既注重对文化作历史性的线索梳理，探索不同时代特色和社会风貌，又沟通古今，着重联系现实，吸收当代社会科学与自然科学的新鲜知识，形成更为独到的研究视野与观念。其中不少书的历史记述从先秦两汉开始，直至20世纪，这确为古为今用提供了值得思索的文本，通过对各项国粹的历史发展脉络的梳理总结，提出了很多建设性的意见和发展策略。

第三，这套书既注重历史发展梳理，又注重对地域文化进行探索、研究。例如，《中国古代木雕》一书，既统述了木雕艺术的发展历程（自商周至明清），又分列了江浙地区、闽台地区、广东地区，以及西部少数民族地区的木雕艺术特色。再如，《中国古代饮食文化》一书，既介绍了我国饮食文化的发展历程，又论述了中国八大菜系的具体知识，即鲁菜、川菜、粤菜、闽菜、苏菜、浙菜、湘菜、徽菜。这套书在记述中注意与社会风尚、民间习俗相结合，确能引起人们的思乡之情。中华民族文化是一个整体，但它是由许多各具特色的地域文化组合、融汇而成的。不同地域的文化具有不同的色彩，这就使中华文化多姿多彩，展示地域文化的特点，无疑将把我们的文化史研究引向深入。另外，这套书还探讨了多种国粹对其他国家的影响。中华文明在国外的传播，已经形成一种异彩纷呈、底蕴丰富的文化形象，对中外文化交流起到了促进作用。

第四，这套书，每一种都图文并茂、文字流畅，饶有情趣，极具吸引力。特别是在介绍山水、田园，以及各种戏曲、说唱等艺术品类时，更是“使笔如画”，使读者徜徉在美不胜收的艺术境地。阅读者会得到知识的增进和审美情趣的愉悦。

时代呼唤文化，文化凝聚力量，文化越来越成为民族凝聚力和创造力的重要源泉。要大力弘扬中华优秀传统文化，大力发扬社会主义先进文化，把我国建设成为文化强国，实现中华民族的伟大复兴。我们希望这套国粹经典，不仅能促进青少年阅读，还能服务于当前文化的奋进新征程，铸就辉煌前景。

王　俊
于普纳威美亚公寓
壬寅年春

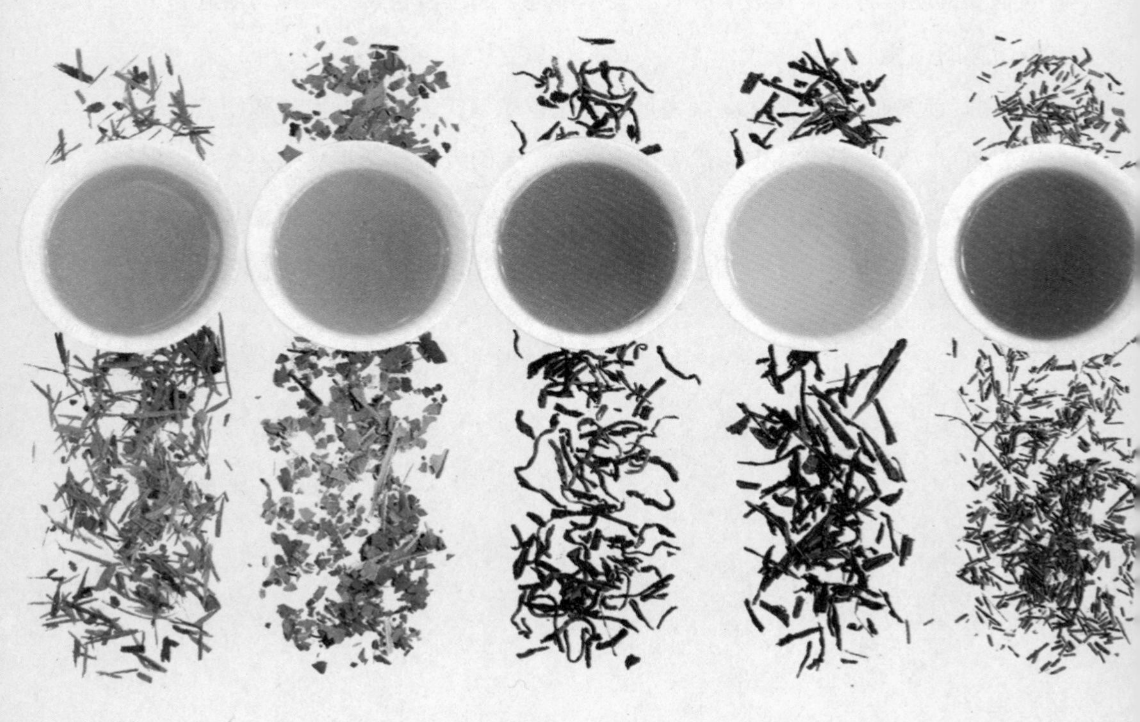

第一章　茶的历史

第二章　茶叶百科

第三章　茶具简说

第四章　茶道双馨

第五章　茶里雅俗

引言

有中国人落脚的地方，就有饮茶的习惯。中国人最先发现茶叶，是最早饮茶的古老民族。中国有句俗语，“开门七件事：柴、米、油、盐、酱、醋、茶”，足以说明，茶是中国人日常生活中不可缺少的一部分。这种饮茶习惯在中国人身上根深蒂固，已有上千年历史。

在唐朝中叶，一位早年出家后来又还俗的和尚——陆羽，总结前人与当时的经验，完成了全世界第一本有关茶叶的著作——《茶经》，饮茶风气很快吹遍中国大江南北，上自帝王公卿，下至贩夫走卒，莫不嗜茶。甚至于中国附近的各国家，例如，高丽、日本以及东南亚各国，都学习了这

西洋版画中的老北京

重庆湖广会馆茶馆

个风尚。此后在17世纪初，荷兰东印度公司更首次将中国的茶输入欧洲，到17世纪中叶，在英国贵族阶层，饮茶已成为一种时尚。

喝茶，在中国已是一种普遍的休闲活动。现今一般家庭中，多流行以小壶泡茶法，这是从16世纪末明朝神宗时代流传下来的一种习惯，至今已有400余年的历史。用小茶壶泡茶，茶味特别甘醇芳香，于是人们对饮茶之具的追求越发精益求精。明清时代以江苏宜兴的紫砂陶壶最为有名，凡出于名家的作品，必四方争购，价比黄金。人们在饮茶过程中讲求一种物质与文化融合的全面享受，对水、茶、器具、环境都有较高的要求。同时以茶培养、修炼自己的精神道德，在各种茶事活动中去协调人际关系，求得自己思想的自信、自省，也沟通彼此的情感。

在中国古代，文人用茶激发文思；道家用茶修身养性；佛家用茶解睡助禅等。物质与精神相结合，人们在精神层次上感受到了一种美的熏陶。在品茶过程中，人们与自然山水结为一体，接受大地的雨露，调和人间的纷解，求得明心见性回归自然的特殊情趣。所以品茶对环境的要求十分严格：或是江畔松石之下，或是清幽茶寮之中，或是宫廷文事茶宴，或是市中茶坊、路旁茶肆等。不同的环境会产生不同的意境和效果，渲染衬托不同的主题思想。庄严华贵的宫廷茶，修身养性的禅师茶，儒雅风趣的文士茶，都因不同的品茗环境和品茗群体而呈现出不同的茶情茶趣。茶从形式到内容，从物质到精神，从人与物的直接关系到成为人际关系的媒介，逐渐形成传统东方文化的一朵奇葩——中国古代茶文化。

茶汤

茶的历史

“荼”字

最早记录“荼”在《诗经》里如：“谁谓荼苦，其甘如荠”。(《邶风·谷风》。“周原膴膴，堇荼如饴。（《大雅·绵》）”。荼后来成为贡品、当祭品，说明“荼”在西周、至少在先秦之前就已经出现并饮用，但是没有记录出产地。而茶作为商品，则是在西汉时才出现。西汉宣帝神爵三年(前59年)正月里，在《僮约》中有这样的记载：“脍鱼炮鳖，烹茶尽具”；“牵犬贩鹅，武阳买茶”。这是我国，也是全世界最早的关于饮茶、买茶和种茶的记载。从这一记载可知四川武阳地区是全世界最早种茶与饮茶的地区；武阳（今四川彭山）地区是当时茶叶主要生产茶叶地区。后来由于茶叶生产的发展，饮茶的普及程度越来越高，“荼”字的使用频率也越来越高，因此，民间的书写者，为了将茶的意义表达得更加清楚、直观，就把“荼”字减去一划，成了现在我们看到的“茶”字。“茶”字从“荼”中简化出来的萌芽，始发于汉代，古汉印中，有些“荼”字已减去一笔，成为“茶”字之形了。

在中国，“茶”因为人文、地理的不同，而有两种发音方式，在北方发音为CHA，在南方发音为TEE；世界各国对茶的称谓，大多是由中国茶叶输出地区人民的语音直译过去的。由中国北方输入茶的国家，如土耳其、日本、印度、俄罗斯等国语言中茶的读音都与“茶”的原音很接近；而英、法、德、西班牙等国语言中“茶”的发音都是按我国广东、福建沿海地区的发音转译的。从茶字的演变与确立，到世界各地有关茶的读音，无不说明，茶出自中国，源于中国，中国是茶的原产地。

第一节 辨字说茶

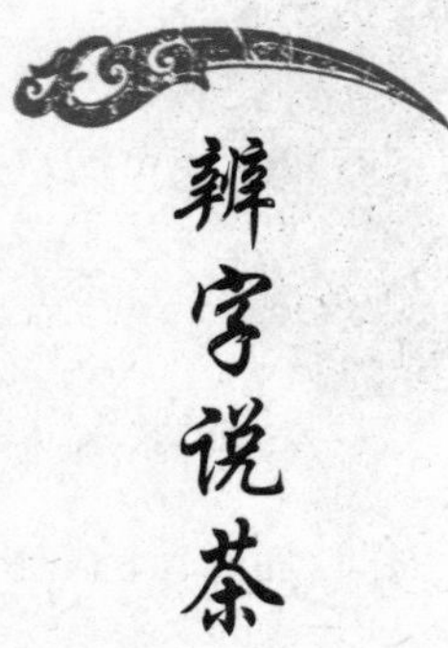

在中国古代，表示茶的字有多个，『其字，或从草，或从木，或草木并。其名，一曰茶，二曰槚，三曰蔎，四曰茗，五曰荈』。（《茶经·一之源》）『茶』字是由『茶』字直接演变而来的，所以，在『茶』字形成之前，茶、槚、蔎、茗、荈都曾用来表示茶。

传统建筑中的茶文化

一、“荼”是唐前茶的主要称谓

《尔雅·释草第十三》，“荼，苦菜”。苦菜为田野自生之多年生草本，菊科。《诗经·国风·邶国之谷风》有“谁谓荼苦，其甘如荠”的句子，苦菜是荼的本义，其味苦，经霜后味转甜，故曰“其甘如荠”。成语有“如火如荼”，这里的“荼”一般认为是指白色的茅秀。茅秀是荼的引申义，因苦菜的种子附生白芒，进而由苦菜白芒引申为茅草之“茅秀”。《尔雅·释木第十四》，“槚，苦荼”。槚从木，当为木本，则苦荼亦为木本，由此知苦荼非从草的苦菜而是从木的茶。《尔雅》一书，非一人一时所作，最后成书于西汉，可以确定以苦荼代茶不会晚于西汉。西汉王褒《僮约》中有“烹荼尽具”“武阳买荼”，一般认为这里的“荼”指茶。因为，如果是田野里常见的普通苦菜，就没有必要到很远的外地武阳去买。王褒《僮约》出于西汉宣帝神爵三年（公元前59年），所以“荼”借指茶当在公元前59年之前。

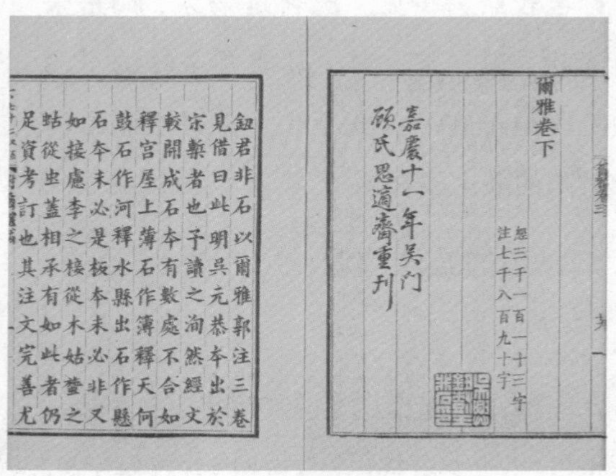
爾雅卷下
經三千一百一十三字
注七千八百九十字
嘉慶十一年吳門顧氏思適齋重刊

鈕君非石以爾雅郭注三卷見借曰此明吳元恭本出於宋槧者也予讀之洵然經文較開成石本有數處不合如釋宮屋上薄石作薄釋天何鼓石作河釋水縣出石作懸石本未必是板本未必非又如接慮李之椄從木姑薑之蛣從虫蓋相承有如此者仍足資考訂也其注文完善尤

《尔雅》书影

“荼”字

陆羽在《茶经》“七之事”章，辑录了中唐以前几乎全部的茶资料，经统计，茶（含苦荼）25则，茶茗3则，茶荈4则，茗11则，槚2则，荈诧3则，蔎1则。茶、苦荼、茶茗、茶荈共32则，约占总茶事的70%。槚、蔎都是偶见，茗、荈也较茶为少见。况茗是茶芽，荈是茶老叶，茶、茗、荈，其实是茶叶的不同阶段的形态。由此看来，茶是中唐以前对茶的最主要称谓。

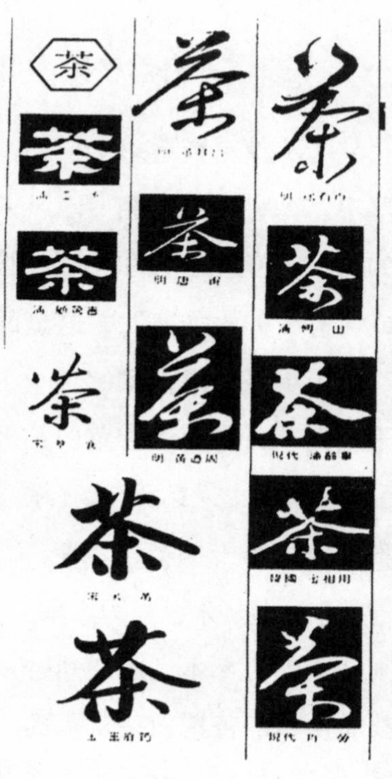
书法中的“茶”字

二、茶的其他称谓

（一）槚

槚，又作榎。《说文解字》：“槚，楸也。”“楸，梓也。”按照《说文解字》，槚，即楸，即梓。槚为楸、梓之类如何借指茶？《说文解字》：“槚，楸也，从木、贾声。”而贾有“假”“古”两种读音，“古”与“荼”“苦荼”音近，因茶为木本而非草本，遂用槚（音“古”）来借指茶。槚作楸、梓时则音“假”。因《尔雅》最后成书于西汉，则“槚”借指茶不晚于西汉。但“槚”作茶不常见，仅《尔雅》和南朝宋人王微《杂诗》两处出现。

（二）茗

茗，古通萌。《说文解字》：“萌，草木芽也，从草明声。”茗、萌本义是指草木的嫩芽。茶树的嫩芽当然可称茶茗。后来茗、萌、芽分工，以茗专指茶嫩芽，所以，徐铉校定《说文解字》时补：“茗，荼芽也。从草名声。”晋张华注《神异记》载：“余姚人虞洪入山采茗。”以茗专指茶芽，当在汉晋之时。茗由专指茶芽进一步又泛指茶，沿用至今。

茶叶

（三）荈

《茶经》“五之煮”载：“其味甘，槚也；不甘而苦，荈也；啜苦咽甘，茶也。”陆德明《经典释文·尔雅音义》：“荈、荼、茗，其实一也。”《魏王花木志》：“茶，叶似栀子，可煮为饮。其老叶谓之荈，嫩叶谓之茗。”综上所述，荈是指粗老茶叶，因而苦涩味较重，所以《茶经》称：“不甘而苦，荈也。”荈为茶的可靠记载见于《三国志·吴书·韦曜传》：“曜饮酒不过二升，皓初礼异，密赐茶荈以代酒。”茶

书法中的“茶”字

荈代酒，荈应是茶饮料。晋杜育作《荈赋》，五代宋初人陶谷《清异录》中有“荈茗部”。“荈”字除指茶外没有其他意义，可能是在“茶”字出现之前的茶的专有名字，但南北朝后就很少使用了。

《说文解字》：“蔎，香草也，从草设声。”段玉裁注云：“香草当作草香。”“蔎”本义是指香草或草香。因茶有香味，故用“蔎”借指茶。西汉扬雄《方言论》：“蜀西南人谓茶曰蔎。”但以“蔎”指茶仅蜀西南这样用，应属方言用法，古籍仅此一见。

三、茶字的出现及其由来

在荼、槚、茗、荈、蔎五种茶的称谓中，以荼为最普遍，流传最广。但“荼”字多义，容易引起误解。“荼”是形声字，从草余声，草字头是义符，说明它是草本。但从《尔雅》起，已发现茶是木本，用荼指茶名不副实，故借用“槚”，但槚本指楸、梓之类树木，借为茶也会引起误解，于是进一步出现既改形又改音的“茶”和“搽”。“茶”字由“荼”字减去一画，仍从草，不含造字法，但它比“荼”书写简单，所以，作为“荼”的俗字，首先使用于民间。“搽”（音茶）和“茶”大约都起始于陈隋之际。《茶经》注云：“从草当作茶，其字出《开元文字音义》。”《茶经》原注者认为“茶”

中国各民族文字中的“茶”字

The word “茶” as written in different Chinese ethnics

民族	文字	民族	文字
汉族	茶	侗族	XiiC
回族	茶	傣族	[illegible]
满族	[illegible]	壮族	caz
蒙古族	[illegible]	拉祜族	lal
藏族	[illegible]	锡伯族	[illegible]
维吾尔族	چاي	俄罗斯族	yaŭ
哈萨克族	شاي	彝族	[illegible]
柯尔克孜族	چاي	傈僳族	lobei
朝鲜族	차	白族	ZOD
苗族	jinl	佤族	gax
景颇族	hpa-lap	黎族	dhe
布依族	Xaz	纳西族	ltℓ
哈尼族	laqbeiv		

中国各民族文字中的“茶”字

字首见《开元文字音义》。《开元文字音义》系唐玄宗李隆基御撰的一部分，已失传。尽管《广韵》《开元文字音义》收有“茶”字，但在正式场合，仍用“搽”（音茶）。初唐苏恭等撰的《唐本草》和盛唐陈藏器撰的《本草拾遗》，都用“搽”而未用“茶”。直到陆羽著《茶经》之后，“茶”字才逐渐流传开来。

世界几种语言文字中的“茶”字

The word "茶" appears in foreign Languages as shown here

语言	写法	语言	写法
法语 French：	THÉ	世界语 Esperanto：	TEO
英语 English：	TEA	意大利语 Italian：	TÈ
日语 Japanese：	茶	拉丁语 Latin：	THEA
俄语 Russian：	чай	泰国语 Thai：	ชา
德语 German：	TEE	朝鲜语 Korean：	차
波兰语 Polish：	HERBATA	阿拉伯语 Arabic：	شاي

世界几种语言文字中的“茶”字

第二节 茶的起源

中国历史上有很长的饮茶记录，已经无法确切地查明到底始于什么年代了。

一、饮茶的发源时间

“神农有个水晶肚，达摩眼皮变茶树。”中国饮茶起源众说纷纭：有的认为起于上古，有的认为起于周，起于秦汉、三国、南北朝、唐朝的说法也有。造成众说纷纭的主要原因是唐朝以前无“茶”字，而只有“荼”字的记载，直到《茶经》的作者陆羽，方将荼字减一画而写成“茶”，因此有茶起源于唐朝的说法。

《神农氏尝百草》

唐朝陆羽《茶经》：“茶之为饮，发乎神农氏。”在中国的文化发展史上，往往是把一切与农业、植物相关的事物起源最终都归结于神农氏。中国饮茶起源于神农的说法也因民间传说而衍生出不同的观点。有人认为茶是神农在野外以釜煮水时，刚好有几片叶子飘入釜中，煮好的水，其色微黄，喝入口中生津止渴、提神醒脑，以神农过去尝百草的经验，判断它是一种药而发现的。这是有关中国饮茶起源最普遍的说法。另有说法则是从语音上加以附会，说是神农有个水晶肚子，由外观可得见食物在胃肠中蠕动的情形，当他尝茶时，发现茶在肚内到处流动，流来流去，把肠胃洗涤得干干净净，因此神农称这种植物为“查”，再转成“茶”字，而成为茶的起源。

晋代常璩《华阳国志・巴志》：“周武王伐纣，实得巴蜀之师，……茶蜜……皆纳贡之。”这一记载表明在周朝的武王伐纣时，巴国就已经以茶和其他珍贵产品纳贡与周武王了。《华阳国志》中还记载，那时已经有人工栽培的茶园了。

王褒《僮约》

现存最早较可靠的茶学资料是在汉代，以王褒撰的《僮约》为主要依据。此文撰于汉宣帝三年（公元前59年）正月十五日，是在《茶经》之前茶学史上最重要的文献。其文内笔墨说明了当时茶文化的发展状况，内容如下：舍中有客，提壶行酤，汲水作铺，涤杯整案，园中拔蒜，斫苏切脯。筑肉臛芋，脍鱼炰鳖，烹荼尽具，铺已盖藏。……牵犬贩鹅。武阳买荼。杨氏池中担荷，往来市聚，慎护奸偷。其中，“烹荼尽具”“武阳买荼”，经考该“荼”即今“茶”字。由文中可知，茶已成为当时社会饮食的一环，且为待客以礼的珍稀之物，由此可知茶在当时社会地位的重要性。

此外还有中国饮茶起于六朝的说法。有人认为饮茶起于“孙皓以茶代酒”。晋朝陈寿的《三国志·吴志·韦曜传》记载：“皓每飨宴，无不竟日，坐席无能否率以七升为限，虽不悉入口，皆浇灌取尽。曜素饮酒不过二升，初见礼异时，常为裁减，或密赐茶荈以当酒。”意思是说，吴王孙皓每次大宴群臣，座客至少得饮酒七升，虽然不完全喝进嘴里，也都要斟上并亮盏。有位叫韦曜的酒量不过二升，孙皓对他特别优待，担心他不胜酒力出洋相，便暗中赐给他茶来代替酒。从此，“以茶代酒”就成了那些不胜酒力的人们逃避喝酒的一个方法，传于后世。韦曜以博学多闻而为孙皓所器重，但孙皓却是一个暴君，也是末代君主，在位之前被封为乌程侯，性嗜酒，又残暴好杀。

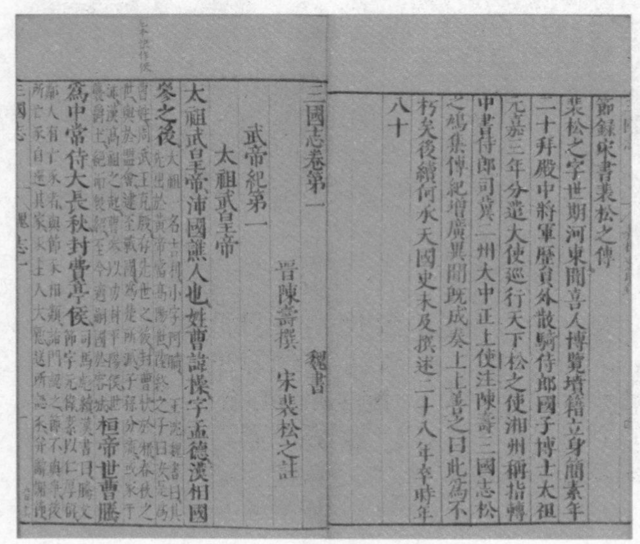
節錄宋書裴松之傳
裴松之字世期河東聞喜人博覽墳籍立身簡素年
二十拜殿中將軍歷員外散騎侍郎國子博士太祖
元嘉三年分遣大使巡行天下松之使湘州稱指轉
中書侍郎司冀二州大中正上使注陳壽三國志松
之鳩集傳紀增廣異聞既成奏上上善之曰此爲不
朽矣後續何承天國史未及撰述二十八年卒時年
八十

三國志卷第一　魏書
晉陳壽撰　宋裴松之註
武帝紀第一
太祖武皇帝
太祖武皇帝沛國譙人也姓曹諱操字孟德漢相國
參之後　桓帝世曹騰
爲中常侍大長秋封費亭侯

《三国志》书影

韦曜是耿直之臣，常批评孙皓，说他在酒席上“令侍臣嘲谑公卿，以为笑乐”，长此以往，“外相毁伤，内长尤恨”。如此竟惹怒孙皓，最终韦曜被借故投入大狱处死。另外，孙皓早先被封为乌程侯的乌程（今浙江湖州南）也是我国较早的茶产地。据南朝刘宋山谦之《吴兴记》说，乌程县西二十里有温山，出产“御荈”。荈即茶也，一般学者认为，温山出产“御荈”可以上溯到孙皓被封为乌程侯的年代，即吴景帝永安七年（264 年，是年景帝死，孙皓立）前后，并且可能当时已有御茶园。

也有人认为饮茶自“王肃茗饮”而始。据北魏杨衒之《洛阳伽蓝记》上说，南北朝时，南朝齐的一位官员王肃向北魏投降，刚来北魏时，不习惯北方吃羊肉、饮酪浆的饮食，便常以鲫鱼羹为饭，渴了就喝茗汁，一饮便是一斗，北魏首都洛阳的人均称王肃为“漏卮”，就是永远装不满的容器。几年后，北魏高祖皇帝设宴，宴席上王肃食羊肉、饮酪浆甚多，高祖便问王肃：“你觉得羊肉比起鲫鱼羹来如何？”王肃回答道：“鱼虽不能和羊肉比美，但正是春兰秋菊各有好处。只是茗叶熬的汁不中喝，只好给酪浆作奴仆了。”这个典故一传开，茗汁便有了“酪奴”的别名。这段记载说明，茗饮是南人时尚，上至贵族朝士，下至平民均有好之者，甚至是日常生活之必需品，而北人则歧视茗饮。所谓“茗饮”，正说出了唐朝之前人们饮茶的方式，就是煮茶。

《洛阳迦蓝记校笺》书影

此外，在日本、印度则流传饮茶系起于“达摩禅定”的说法。然而既然秦汉说具有史料证据，确凿、可考，那么也就削弱了六朝说的正确性。

知识小百科

传说菩提达摩自印度东使中国，誓言以九年时间停止睡眠进行禅定，前三年达摩如愿成功，但后来体力渐不支终于熟睡。达摩醒来后羞愤交加，遂割下眼皮，掷于地上。不久后掷眼皮处生出小树，枝叶扶疏，生机盎然。此后五年，达摩相当清醒，然还差一年又遭睡魔侵入。达摩遂采食了身旁的树叶。食后立刻脑清目明，心智清楚，方得以完成九年禅定的誓言。达摩采食的树叶即为后代的茶，此乃饮茶起于六朝达摩的说法。故事中描绘了茶的特性，并说明了茶叶具有提神的效果。

禅茶光影

二、茶树发源的地点

中国是最早发现和利用茶树的国家。文字记载表明，我们祖先在3000多年前已经开始栽培和利用茶树。然而，同任何物种的起源一样，茶的起源和存在，必然是在人类发现茶树和利用茶树之前。人类的用茶经验，也是经过代代相传，从局部地区慢慢扩大开来的。又隔了很久很久，才逐渐见诸文字记载。

茶树的起源问题，历来争论较多，随着考证技术的发展和新发现，才逐渐达成共识，即中国是茶树的原产地，并确认中国西南地区，云南、贵州、

茶叶

茶树

四川是茶树原产地的中心。茶树开始由此普及全国，并逐渐传播至世界各地。我国西南地区是茶树原产地，主要论据有三个方面。

从茶树的自然分布来看：目前所发现的山茶科植物共有 23 属，380 余种，而我国就有 15 属，260 余种，且大部分分布在云南、贵州和四川一带。已发现的山茶属有 100 多种，云贵高原就有 60 多种，其中以茶树种占最重要的地位。从植物学的角度，许多属的起源中心在某一个地区集中，即表明该地区是这一植物区系的发源中心。山茶科、山茶属植物在我国西南地区的高度集中，说明了我国西南地区就是山茶属植物的发源中心，是茶的发源地。

从地质变迁来看：西南地区群山起伏，河谷纵横交错，地形变化多端，以致形成许许多多的小地貌区和小气候区，在低纬度和海拔高低相差悬殊的情况下，气候差异大，使原来生长在这里的茶树，慢慢分置在热带、亚热带和温带不同的气候中，从而导致茶树种内变异，发展成了热带型和亚热带型的大叶种和中叶种茶树，以及温带型的中叶种和小叶种茶树。植物学家认为，某种物种变异最多的地方，就是该物种起源的中心地。

我国西南三省，是我国茶树变异最多、资源最丰富的地方，是茶树起源的中心地。

从茶树的进化类型来看：茶树在其系统发育的历史长河中，总是趋于不断进化之中。因此，凡是原始型茶树比较集中的地区，当属茶树的原产地。我国西南三省及其毗邻地区的野生大茶树，具有原始茶树的形态特征和生化特性，也证明了我国的西南地区是茶树原产地的中心地带。

知识小百科

茶树的植物学特征

茶树的拉丁学名是 Camellia sinensis（L.）O.Kuntze，在植物分类系统中属被子植物门（Angiospermae）双子叶植物纲（Dicotyledoneae）原始花被亚纲（Archichlamydeae）山茶目（Theaceae）山茶科（Theaceae）山茶属（Camellia）茶叶属（Thea）。近年来，我国植物学家张宏达在《山茶属植物的系统研究》一书中，把山茶属分为四个亚属（subgen），茶树被列为茶亚属（subgen.Thea）茶组（sect.Thea）茶系（ser.Sinensis）中的一个种。

茶树是多年生常绿木本植物，按树干来分，有乔木型、半乔木型和灌木型三种类型。一般为灌木，在热带地区也有乔木型茶树高达 15 ~ 30 米，基部树围 1.5 米以上，树龄可达数百年至上千年。栽培茶树往往通过修剪来抑制纵向生长，所以树高多在 0.8 ~ 1.2 米。茶树经济学树龄一般在 50 ~ 60 年。茶树的叶子呈椭圆形，边缘有锯齿，叶间开五瓣白花，果实扁圆，呈三角形，果实开裂后露出种子。有许多茶树的变种用于生产茶叶，主要有印度阿萨姆、中国、柬埔寨几种。我国茶树的栽培已有几千年的历史，当今已知最老的野生茶树为云南思茅镇沅千家寨 2700 年野生大茶树。其他具代表性的野生茶树还有勐海大黑山巴达野生大茶树，高32米，树龄为1700年；思茅澜沧县邦葳野生茶树，树龄为1000年，高12米，为野生茶树与栽培型茶树所杂交而成，被称为“过渡型野生茶树”。

镇沅县2700年的世界野生茶树王

茶树生长的环境。土壤：一般土层厚达1米以上，不含石灰石、排水良好的砂质壤土，有机质含量1%以上，通气性、透水性或蓄水性能好，酸碱度pH值4.5～6.5为宜。降水量：降水量平均，且年降水量在1500毫米以上。不足或过多都有影响。阳光：光照是茶树生存的首要条件，不能太强也不能太弱，茶树生长对紫外线有特殊“嗜好”，因而高山出好茶。温度：日平均气温需10℃，最低温不能低于−10℃，年平均气温在18℃～25℃。地形：地形条件主要有海拔、坡地、坡向等。随着海拔的升高，气温和湿度都有明显的变化，在一定高度的山区，雨量充沛，云雾多，空气湿度大，漫射光强，这对茶树生长有利，但也不是越高越好，在1000米以上，会有冻害。一般选择偏南坡为好。坡度不宜太大，一般要求30度以下。

第三节 茶的传播

中国是茶树的原产地，然而，世界上的茶树原产地并不是只有中国一个，在世界上的其他国家也发现过原生的自然茶树。但是，世界公认，中国茶业对人类有着卓越的贡献，这主要在于：最早发现并利用茶这种植物，把它发展成为我国一种灿烂、独特的茶文化，并且逐步地传播到中国周边国家乃至整个世界。

一、巴蜀是中国茶业的摇篮

顾炎武曾道，“自秦人取蜀而后，始有茗茶之事”，认为饮茶是秦统一巴蜀之后才开始传播的，肯定了中国和世界的茶叶文化最初是在巴蜀发展起来的。这一说法，已为现在绝大多数学者所认同。巴蜀产茶，可追溯到战国时期或更早，那时巴蜀已形成一定规模的茶区，并以茶为贡品。西汉成帝时王褒的《僮约》，内有“烹荼尽具”及“武阳买荼”两句。前者反映成都一带，西汉时不仅饮茶成风，而且出现了专门用具；从后一句可以看出，茶叶已经商品化，出现了如“武阳”一类的茶叶市场。西汉时，成都不但已形成我国茶叶的一个消费中心，由后来的文献记载看，很可能也已形成了最早的茶叶集散中心。

知识小百科

汉代甘露祖师吴理真植茶

中国是世界上最早人工种植茶叶的国家，那么，谁是种茶的第一人呢？蒙顶山又名蒙山，蒙山吴理真被认为是中国乃至世界有明确文字记载最早的种茶人。吴理真在南宋时因“显灵”救灾，被孝宗皇帝敕封为普慧妙济菩萨，被后世尊为植茶始祖。在《茶业通志》（农业出版社 1984 年第一版）中就有“蒙山植茶为我国最早栽茶的文字记载”之断语，并根据史料记载对西汉时吴理真种茶一事进行了梳理肯定。

王象之《舆地纪胜》载：“西汉时有僧从岭表来，以茶植蒙山，忽一日隐池中，乃一石象，今蒙顶茶，擅名师所植也，至今呼其石像为甘露大师。”蒙山顶上碑刻《重修甘露灵字碑记》云：“西汉果有吴氏法名理真，俗俸甘露大师者，自岭表来，挂锡兹土，随携灵茗之种，种植玉峰。”此碑也说吴氏是西汉人。清朝刘喜海的《金石苑》以及《四川通志》《名山县志》也均有关于吴理真“植茶”的记载。

蒙顶山山门

“甘露”是汉宣帝的第六个年号，也就是公元前53—前50年，这是吴理真“手植仙茶”的具体时间。秦汉以前巴蜀饮茶（吃茶）比较普遍，野生茶数量有限，在名山各地探求种茶顺理成章。吴理真是一个领头人，传统习俗经常“众功归一”，吴理真就成了种植茶叶的祖师。

蒙顶山茶园

吴理真被称为“甘露大师”，在人们的心目中他一半是神仙，一半是凡人。其实吴理真不是道人，也不是僧人，只是从岭表流寓而来的皇族之后，入乡随俗，种茶为生，口碑相传并被载入史册。以后蒙山茶地位日益提高，当地人怀祖，道教、佛教也为了突出宗教魅力，对吴氏不断神化。先后民传、道封、皇封、佛封，加上各种桂冠，道人、真人、梓潼神君、禅师、菩萨等，化身掩盖了真身。

我国出现过多位茶祖，有发现茶叶之祖、种植茶树之祖、茶文化之祖，说明我国是茶树原产地，种茶、饮茶最早，茶文化底蕴深厚。著名考古学家苏秉琦先生曾言：“中国文明起源，不似一支蜡烛，而像满天星斗，各族都以自己特有的文明组成，他们都是中华文明的缔造者。”

蒙顶茶

二、长江中游茶业的发展壮大

秦汉时期，茶业随巴蜀与各地经济文化交流而传播。首先向东部、南部传播，如湖南茶陵的命名，就是一个佐证。茶陵是西汉时设的一个县，以其地出茶而名。茶陵邻近江西、广东边界，表明西汉时期茶的生产已经传到了湘、粤、赣毗邻地区。三国、西晋时期，随荆楚茶业和茶叶文化在全国传播的日益发展，也由于地理上的有利条件和较好的经济文化水平，长江中游或华中地区，在中国茶文化传播上的地位，逐渐取代巴蜀而明显重要起来。三国时，孙吴据有东南半壁江山，这一地区，也是那时我国茶业传播和发展的主要区域。此时，南方栽种茶树的规模和范围有很大的发展，而茶的饮用，也流传到了北方高门豪族。西晋时长江中游茶业的发展，还可从《荆州土记》得到佐证。其载曰“武陵七县通出茶，最好”，说明荆汉地区茶业的明显发展，巴蜀独冠全国的优势，

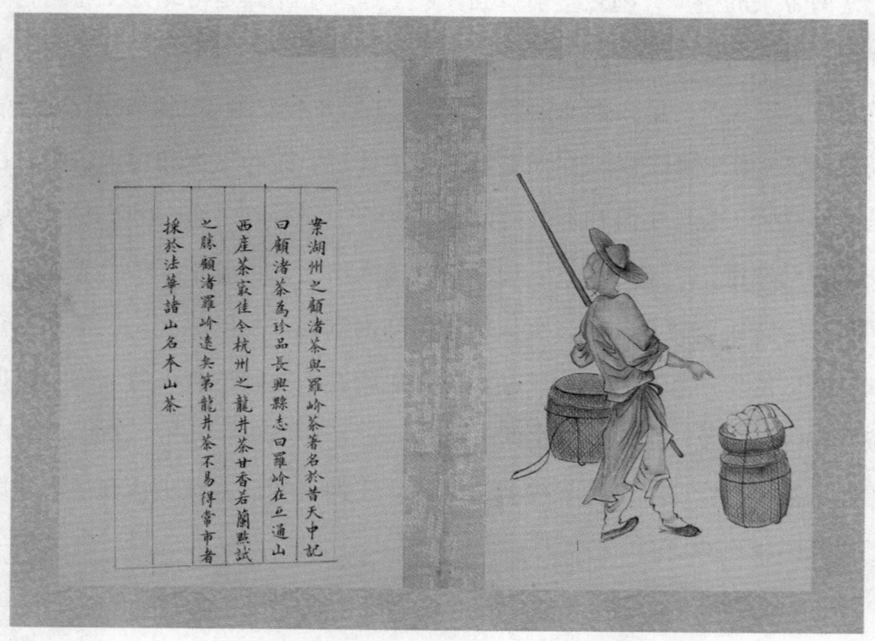

清朝·董棨《平欢乐图册——卖茶》

似已不复存在。

南渡之后，晋朝北方豪门过江侨居，建康（南京）成为我国南方的政治中心。这一时期，上层社会崇茶之风盛行，使得南方尤其是江东饮茶和茶叶文化有了较大的发展，也进一步促进了我国茶业向东南推进。这一时期，我国东南植茶，由浙西进而扩展到了现今温州、宁波沿海一线。不仅如此，如《桐君录》所载，“西阳、武昌、晋陵皆出好茗”，晋陵即常州，其茶出宜兴。表明东晋和南朝时，长江下游宜兴一带的茶业，也著名起来。三国两晋之后，茶业重心东移的趋势，更加明显化了。

三、长江中下游地区成为茶叶生产和技术的中心

六朝以前，茶在南方的生产和饮用，已有一定发展，但北方饮茶者还不多。唐朝中后期，如《膳夫经手录》所载“今关西、山东，闾阎村落皆吃之，累日不食犹得，不得一日无茶”。中原和西北少数民族地区，都嗜茶成俗，于是南方茶的生产，随之空前蓬勃发展了起来。尤其是与北方交通便利的江南、淮南茶区，茶的生产更是得到了格外发展。唐朝中叶后，长江中下游茶区，不仅茶产量大幅度提高，而且制茶技术也达到了当时的最高水平。湖州紫笋和常州阳羡茶成了贡茶就是集中体现。茶叶生产和技术的中心，已经转移到了长江中游和下游，江南茶叶生产，集一时之盛。当时史料记载，安徽祁门周围，千里之内，各地种茶，山无遗土，从业于茶者十之七八。同时由于贡茶设置在江南，大大促进了江南制茶技术的提高，也带动了全国各茶区的生产和发展。由《茶经》和唐朝其他文献记载来看，这一时期茶叶产区已遍及今之四川、陕西、湖北、云南、广西、贵州、湖南、广东、福建、江西、浙江、江苏、安徽、河南等十四个省区，几乎达到了与我国近代茶区相当的局面。

四、茶业中心由东向南移

从五代和宋朝初年起，全国气候由暖转寒，致使中国南方南部的茶业，较北部更加迅速发展了起来，并逐渐取代长江中下游茶区，成为茶业的中心。主要表现在贡茶从顾渚紫笋改为福建建安茶，唐时还不曾形成规模的闽南和岭南一带的茶业，明显地活跃和发展起来。宋朝茶业中心南移的主要原因是气候的变化，长江一带早春气温较低，茶树发芽推迟，不能保证茶叶在清明前贡到京都。福建气候较暖，如欧阳修所说“建安三千里，京师三月尝新茶”。作为贡茶，建安茶的采制，必然精益求精，名声也越来越大，成为中国团茶、饼茶制作的主要技术中心，带动了闽南、岭南茶区的崛起和发展。由此可见，到了宋朝，茶已传播到全国各地。宋朝的茶区，基本上已与现代茶区范围相符，明清以后，茶区基本稳定，茶业的发展主要体现在茶叶制法的更新和各类茶的兴衰演变。

边茶贸易展示

五、茶叶向国外的传播

当今世界广泛流传的种茶、制茶和饮茶习俗，都是由我国向外传播出去的。据推测，中国茶叶传播到国外，已有 2000 多年的历史。约于公元 5 世纪南北朝时，我国的茶叶就开始陆续输出至东南亚邻国及亚洲其他地区。公元 805 年、806 年，日本最澄、空海禅师来我国留学，归国时带回茶籽试种；宋朝时荣西禅师又从我国引入茶籽种植。日本茶业继承我国古代蒸青原理制作的碧绿溢翠的茶，别具风味。10 世纪，蒙古商队来华从事贸易时，将中国砖茶从中国经西伯利亚带至中亚。15 世纪初，葡萄牙商船来中国进行通商贸易，与西方的茶叶贸易开始出现。而荷兰人约在公元 1610 年将茶叶带至西欧，1650 年后传至东欧，再传至俄、法等国。17 世纪时茶叶传至美洲。印度尼西亚于 1684 年开始引入我国茶籽试种，以后又引入日本茶种及阿萨姆种试种。历经坎坷，直至 19 世纪后叶开始有明显成效。第二次世界大战后，加速了茶的恢复与发展，并在国际市场居一席之地。

伦敦格林尼治中国茶叶交易历史展

2006 中国（广州）国际茶业博览会

目前，我国茶叶已行销世界五大洲上百个国家和地区，世界上有 50 多个国家引种了中国的茶籽、茶树，茶园面积 247 万多公顷，有 160 多个国家和地区的人民有饮茶习俗，饮茶人口 20 多亿。中国近年来的茶叶年产量达 286 万多吨，其中三分之一以上用于出口。

知识小百科

边　茶

边茶属于紧压茶类，是专供边区藏族人民的饮料。边茶主要在四川省种植。四川边茶又分为“南路边茶”和“西路边茶”。南路边茶以雅安为制造中心，产地包括雅安、荥经、天全、名山、芦山和邛崃、洪雅等市县，而以雅安、荥经、天全、名山四县市为主产地，主要销往西藏、青海和四川的甘孜、阿坝、凉山，以及甘肃南部地区。西路边茶以都江堰市为制造中心，销往四川的松潘、理县、茂县、汶川和甘肃的部分地区。南路边茶品质优良，经熬耐泡，在藏族人民中享有盛誉，占藏族边茶消费量的60%以上。

边茶在藏族人民生活中占有重要地位，正如藏族谚语所说“一日无茶则滞，三日无茶则病”“宁可一日无食，不可一日无饮”。《滴露漫录》上说：“以其腥肉之食，非茶不消，青稞之热，非茶不解。”藏族人民多居住在海拔3000～4500米的高原上，气候干燥寒冷，通常容易发生机体缺氧症和低压症。饮边茶具有促进血液循环，兴奋神经的作用，可以防治因血压升高而引起的头痛、缺氧等症，亦可防治思睡倦怠、精神不适等低压症。

正因为藏族人民同边茶有着鱼水般的关系，所以历代政府都非常重视边茶的管理。唐朝即已设置官吏，征收茶税。到了宋朝，曾设茶叶专卖机构，不准私商贩卖茶叶；后改为由商人与茶户自行交易，政府抽收一定息钱；后又改为向茶户收租，向商人征税；至崇宁元年（1102年），蔡京立“茶引法”，商人经营茶叶的运销数量和地点都

边区藏族图景展示

有限制，政府则按“引”收税。管理茶叶的机构叫“茶马司”，掌管四川边茶与少数民族贸易马匹。元朝初年，仍沿用茶引法，到至元十七年（1280年）实行俵配法，茶税向农户摊征，至元二十年（1283年），复行“引”制；后又于“引”外增“茶由”，征收零卖茶税。明、清两代仍设茶马司，清初还设置过“茶马御史”，专管边茶易马事项。

茶马司

第四节 茶与政事

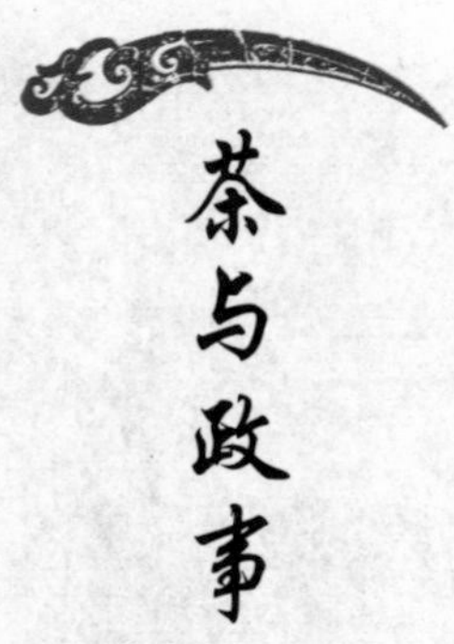

茶政，就是中国历代朝廷对茶叶的行政管理措施或课税政策。主要包括贡茶、茶税、榷茶等内容。茶叶作为全国的一种社会经济，除其具有的商品性内容外，主要反映在茶税的课征上。茶叶，在唐以前并无税制。中唐时期以后，随着茶叶生产技术的发展，茶农获利较多，统治者开始设立各种法律、税赋、机构，巧取豪夺、压迫和剥削茶农，限制茶叶生产发展，掠夺和独揽茶利以满足他们穷兵黩武、奢靡浮华的各种欲求。

一、茶税与茶法

我国茶之征税，始于唐德宗建中元年（780年）。安史之乱以后，唐朝中央国库拮据，政府以筹措常平仓本钱为借口，“诏征天下茶税，十取其一”。征茶税以后，发现税额十分显著，以后就将这一临时措施改为“定制”，与盐、铁并列为主要税种之一，并相继设立“盐茶道”“盐铁使”等官职。

腹地茶票

据新旧《唐书》记载，茶于中唐立税以后，税额并不因国库收支的好转而有所减免，反倒根据茶叶生产和贸易的发展而不断增加。到公元804年，茶税每年增加到四十万缗。武宗会昌年间（841—846年），除正税以外，又增加一种“过境税”，叫作“塌地钱”，至宣宗大中六年（852年）更通过当时盐铁转运使裴休制定了“茶法”12条，严禁私贩，使茶税斤两不漏。据《新唐书·食货志》记载，裴休的税茶法主要内容是：茶商贩送茶叶沿途驿站只收住房费和堆栈费，而不收税金；茶叶不准走私，凡走私三次均在100斤以上和聚众长途贩私，皆处死；茶农（园户）私卖茶叶100斤以上处杖刑，三次即充军；各州县如有私砍茶树，破坏茶业者当地官员要以“纵私盐法”论罪；泸州、寿州、淮南一带税额追加50%。

我国茶叶专卖制度和税法，发展到宋朝，更为严厉，并成为发展茶叶生产的一大障碍，曾诱发多次茶农起义。据文献记载，宋朝的茶税法，先后改革多次，即所谓“三税法”“四税法”“贴射法”“见钱法”等。这些改革，换汤不换药，都是坚持国家专卖。后又经元、明、清，改“榷茶制”为“茶引制”，直到清咸丰以后，由于当时国际国内茶叶贸易都有了很大发展，才将“茶引制”改为征收厘金税，民间逐步恢复自由经营。

二、“榷茶制”与“茶引制”

所谓榷茶，即茶的专营专卖。这一政策始于中唐时期，文宗太和九年（835年）当时任宰相的王涯奏请榷茶，自兼榷茶使，令民间茶树全部移

大唐贡茶院

植于官办茶场，并且统制统销，同时将民间存茶，一律烧毁。此法令刚一颁布，立即遭到全国人民的反对，王涯十月颁令行榷，十一月就为宦官仇士良在“甘露之变”中所杀。令孤楚继任“榷茶使”，吸取王涯的教训，即停止榷茶，恢复税制。所以，唐朝实行榷茶历史不到两个月，真正厉行“榷茶制”的，是从北宋初期开始，首先在东南茶区沿长江设立八个“榷货务”（官府的卖茶站），产茶区设立十三个山场，专职茶叶收购。园户（茶农）除向官府交纳“折税茶”以抵赋税以外，余茶均全部卖给山场，严禁私买、私卖。

到了北宋末期“榷茶制”改为“茶引制”。这时官府不直接买卖茶叶，而是由茶商先到“榷货务”交纳“茶引税”（茶叶专卖税），购买“茶引”（引，就是凭证），凭引到园户处购买定量茶叶，再送到当地官办“合同场”查验，并加封印后，茶商才能按规定数量、时间、地点出售。“茶引”分“长引”和“短引”两种，“长引”准许销往外地限期一年，“短引”则只能在本地销售，有效期为三个月。这种“茶引制”，使茶叶专卖制度更加完善、严密，一直沿用到清乾隆年间，才改“茶引制”为官商合营的“引岸制”。“引岸制”的引，为茶引，“岸”是口岸，就是指定的销售或易货地点。“引岸制”，即

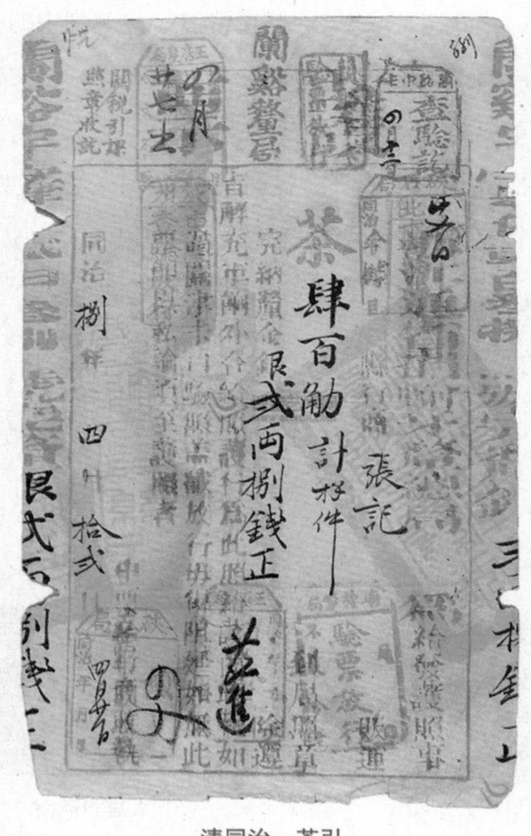

清同治·茶引

凡商人经营各类茶叶均须纳税请领茶引，并按茶引定额在划定范围内采购茶叶。卖茶也要在指定的地点（口岸）销售和易货，不准任意销往其他地区。“引岸制”的特点是根据各茶区的产量、品种和销区的销量品种，实行产销对口贸易。这样有利于对不同茶类生产、加工实行宏观调控，做到以销定产。

三、贡茶制的起源与发展

所谓贡茶，即产茶地向皇室进贡专用茶。向朝廷贡奉各种稀奇特产，是封建社会早有的定俗。晋人常璩在《华阳国志·巴志》中即有关于中国最早贡茶的记载。公元前 11 世纪，周武王伐纣，西南巴、蜀等国向武王进贡盐、铁、茶、蜜等。

到了隋代，炀帝杨广在江都（江苏扬州）得了头痛病，浙江天台山智藏和尚闻之，携天台茶专程去扬州为隋炀帝治病，得茶而治。之后，炀帝大喜，遂令全国大行茶事，推动了隋代王公贵族饮茶之风大兴。

初唐时，各地继续以名茶作贡品，其中不乏贪图名位、阿谀奉承之人为了个人升迁而向皇上纳贡。但随着皇室饮茶范围扩大，贡茶数量远不能

大唐贡茶院

龙井村茶园

满足要求，于是官营督造专门从事贡茶生产的“贡茶院”，首先在浙江长兴和江苏宜兴出现。据《长兴县志》记载，顾渚贡茶院建于唐朝宗大历五年（770年）直至明洪武八年（1375年），兴盛期长达600年，其间役工3万人，工匠千余人，制茶工场30间，烘焙工场百余所，产茶万斤，专供皇室王公权贵享用。

唐朝诗人袁高（727—786年），曾做过湖州刺史，其《培贡顾渚茶》的长诗生动地描绘了当时生产贡茶的庞大规模和茶农的艰辛。诗曰：“……动生千金费，日使万姓贫。我来顾渚源，得与茶事亲。氓辍耕农耒，采采实苦辛。……阴岭芽未吐，使者牒已频。心争造化功，走挺麋鹿均。选纳无昼夜，捣声昏继晨。”

到了宋朝，饮茶风俗相当普及，“茶宴”“斗茶”大行其道，尤其是宋徽宗赵佶，爱茶至深，亲撰《大观茶论》。皇帝嗜茶，必有宦臣投其所好。因此，宋朝贡茶较之唐朝有过之而无不及，除保留顾渚紫笋贡茶院以外，又在福建建安（今福建省建瓯市）设立规模更大的贡茶院。据宋子安的《东溪试茶录》（1064年前后）记载：“旧记建安郡官焙三十有八，自南唐岁率六县民采造，大为民间所苦……至道（995—997年）年中，始分游坑、临江、汾常、西蒙洲、西小丰、大熟六焙。录南剑，又免五县茶民，专以建安一县民力裁足之。……庆历中，取苏口、曾坑、石坑、重院属北苑焉。”

除此以外，宋朝相继还在江西、四川、江苏、浙江设御茶园和贡茶院，生产极其费工费时之“龙团凤饼”供朝廷享用，每年花去大量民脂民膏。

明清时期，贡茶制继续实行，贡茶产地进一步扩大，四川蒙顶甘露、杭州西湖龙井、江苏呈县洞庭碧螺春、安徽老竹铺大方都被当朝皇上钦定为“御茶”。西湖龙井村至今保存的十八棵御茶，就是乾隆皇帝游江南时（1753 年）微服私访狮峰，至胡公庙前品尝了和尚献上的香茶，十分高兴，遂将庙前 18 棵茶树封为御茶。然而，皇帝的欢心，换来的都是百姓的苦难。杭州诗人陈章写了一首《采茶歌》充分揭露了贡茶给人民带来的苦难。

凤凰岭头春露香，青裙女儿指爪长。
度涧穿云采茶去，日午归来不满筐。
催贡文移下官府，那管山寒芽未吐。
焙成粒粒比莲心，谁知侬比莲心苦。

杭州　老龙井十八棵御茶

四、“茶马互市”与“茶马古道”

以茶易马，是我国历代统治阶段长期推行的一种政策。在西南（四川、云南）茶叶产地和靠近边境少数民族聚居区的交通要道上设立关卡，制定“茶马法”，专司以茶易马的职能，即边区少数民族用马匹换取他们日常生活必需的茶叶。据史籍所载，北宋熙宁年间（1068—1077年），经略安抚使王韶在甘肃临洮一带作战，需要大量战马，朝廷即令在四川征集，并在四川西路设立“提兴茶马司”，负责从事茶叶收购和以茶易马工作，并在陕、甘、川多处设置“卖茶场”和“买马场”，沿边少数民族只准与官府（茶马司）从事以茶易马交易，不准私贩，严禁商贩运茶到沿边地区去卖，甚至不准将茶籽、茶苗带到边境，凡贩私茶则予处死，或充军三千里以外，“茶马司”官员失察者也要治罪。立法如此严酷，目的在于通过内地茶叶来控制边区少数民族，强化对他们的统治。这就是“以茶治边”的由来。但在客观上，茶马互市也促进了我国少数民族地区经济的交流与发展。宋朝以后，除元朝因蒙古盛产马匹无此需要，而未实行“茶马互市”以外，明、清均在四川设立专门的“茶马司”。清朝康熙四年（1665年）在云南西部增设北胜州茶马市，至康熙四十四年（1705年）才予废止。

西藏　盐田茶马古道

在横断山脉的高山峡谷，在滇、川、藏“大三角”地带的丛林中，绵延盘旋着一条神秘的古道，这就是世界上地势最高的文明、文化传播古道之一的“茶马古道”。其中丽江古城的拉市海附近、大理州剑川县的沙溪古镇、祥云县的云南驿、普洱市的那柯里是保存较完好的茶马古道遗址。

茶马古道起源于唐宋时期的“茶马互市”。因西藏属高寒地区，海拔都在三四千米以上，糌粑、奶类、酥油、牛羊肉是藏族人民的主食。在高寒地区，需要摄入含热量高的脂肪。但没有蔬菜，糌粑又燥热，过多的脂肪在人体内不易分解，而茶叶既能够分解脂肪，又能够防止燥热，故藏族人民在长期的生活中，形成了喝酥油茶的高原生活习惯，但藏区不产茶。而在内地，民间役使和军队征战都需要大量的骡马，但供不应求，而藏、川、滇边地则产良马。于是，具有互补性的茶和马的交易，即“茶马互市”便应运而生。这样，藏、川、滇边地出产的骡马、毛皮、药材等和川、滇及内地出产的茶叶、布匹、盐和日用器皿等，在横断山区的高山深谷间南来北往，流动不息，并随着社会经济的发展而日趋繁荣，形成了一条延续至今的“茶马古道”。

茶马古道风貌

邛崃市成佳镇　茶马古道

“茶马古道”是一个有着特定含义的历史概念，它是指唐宋以来至民国时期汉、藏之间因进行茶马交换而形成的一条交通要道。具体来说，茶马古道主要分南、北两条道，即滇藏道和川藏道。滇藏道起自云南西部洱海一带产茶区，经丽江、中甸（今天的香格里拉市）、德钦、芒康、察雅至昌都，再由昌都通往卫藏地区。川藏道则以今四川雅安一带产茶区为起点，首先进入康定，自康定起，川藏道又分成南、北两条支线：北线是从康定向北，经道孚、炉霍、甘孜、德格、江达抵达昌都（今川藏公路的北线），再由昌都通往卫藏地区；南线则是从康定向南，经雅江、理塘、巴塘、芒康、左贡至昌都（今川藏公路的南线），再由昌都通向卫藏地区。

茶马古道作为今天中华多民族大家庭的一份珍贵的历史文化遗产依然熠熠生辉，并随着时间的流逝而日益凸显其意义和价值。茶马古道拥有独特的历史文化内涵，目前我们至少可以得出以下几点认识。

第一，茶马古道是西部地区一条异常古老的文明孔道。大量考古学资料证明，茶马古道并非在唐宋时代汉、藏茶马贸易兴起以后才被开通和利用的，早在唐宋以前，这条起自卫藏，经林芝、昌都并以昌都为枢纽而分别通往川、滇地区的道路就已经存在和繁荣，并成为连接和沟通川、滇、藏三地古代文化的非常重要的通道。它不仅是卫藏与川、滇地区之间古代先民们迁移流动的一条重要通道，同时也是川、滇、藏三地间文化传播和交流的重要孔道。

第二，茶马古道是人类历史上海拔最高、通行难度最大的高原文明古道。青藏高原是世界上海拔最高、面积最大的高原，被称作“世界屋脊”或“地球第三极”。其一，茶马古道所穿越的青藏高原东缘横断山脉地区是世界上地形最复杂和最独特的高山峡谷地区，其崎岖险峻和通行之艰难亦为世所罕见。其二，茶马古道沿线高寒地冻，氧气稀薄，气候变幻莫测。

第三，茶马古道是汉、藏民族关系和民族团结的象征和纽带。茶马贸易的兴起使大量藏区商旅、贡使有机会深入祖国内地；同时，也使大量的汉、回、蒙古、纳西等民族商人、工匠进入藏区。在长期的交往中，增进了对彼此不同文化的了解和亲和感，形成了兼容并尊、相互融合的新文化格局。在茶马古道上的许多城镇中，藏族与汉、回等外来民族亲密和睦，藏文化

四川康定　茶马古道雕塑

茶马古道民俗风情

与汉文化、伊斯兰文化、纳西文化等不同文化并行不悖，而且在某些方面互相吸收，出现复合、交融的情况。

第四，茶马古道是迄今我国西部文化原生形态保留最好、最多姿多彩的一条民族文化走廊。茶马古道所穿越的川、滇西部及藏东地区是我国典型的横断山脉地区，由于高山深谷的阻隔和对外交往的不便，该地区的民族文化呈现了两个突出特点：一是文化的多元性特点异常突出。沿着茶马古道旅行，任何人都可深刻地感受到一个现象，即随着汽车的前行，沿途的民居样式、衣着服饰、民情风俗、所说语言乃至房前屋后的装饰层出不穷，令人应接不暇。二是积淀和保留着丰富的原生形态的民族文化。茶马古道途经的河谷地区大多是古代民族迁移流动的通道，许多古代先民在这里留下了他们的踪迹，许多原生形态的古代文化因素至今仍积淀和保留在当地的文化、语言、宗教和习俗中，同时也有许多历史之谜和解开这些历史之谜的线索蕴藏其中。所以，茶马古道既是民族多元文化荟萃的走廊，又是各种民族文化进行交流、互动并各自保留其固有特点的极具魅力的地区。诚如费孝通先生所言，该地区“沉积着许多现在还活着的历史遗留，应当是历史与语言科学的一个宝贝园地”。

第五节 茶圣陆羽

中国是茶的故乡，唐朝是中国茶文化发展的鼎盛时期，其间除了朝廷的提倡、社会经济的繁荣等因素外，陆羽及其《茶经》的影响，更应居首功。陆羽从一个弃儿成为家喻户晓的『茶圣』，他的一生充满传奇。

一、身世坎坷

陆羽出生于唐玄宗开元年间（733 年，一说 727 年）。据《新唐书·隐逸列传》记载：“陆羽，字鸿渐，一名疾，字季疵，复州竟陵人（今湖北天门）。”据文献记载，一个秋末冬初的日暮之时，大约三岁的陆羽被竟陵龙盖寺的住持智积和尚发现弃于一座小石桥下，于是带回寺中抚养。陆羽长大后，因无名字，乃以《周易》为自己卜卦取名，卜得“渐”卦，其爻辞曰：“鸿渐于陆，其羽可用为仪。吉。”遂以“陆”为姓，“羽”为名，“鸿渐”为字。

茶圣陆羽

陆羽自小在龙盖寺中成长，智积和尚欲教他

佛经，希望他皈依佛门，陆羽却以为出家人“终鲜兄弟而绝后嗣”有违孝道，而不肯接受。智积和尚大怒，遂命他从事清扫等杂役，同时还要他去照料三十头牛。陆羽在放牛时，仍然不放弃学习，而在牛背上练习写字，一旦被发现，就遭到一顿鞭打。陆羽每想到“岁月往矣，奈何不知书？”便不禁悲从中来。后来陆羽找机会逃离龙盖寺，藏匿在戏班子里当优伶，虽然陆羽面貌寝陋，说话又结巴，但却富有机智，扮演丑角极为成功，他当时还编写了《谑谈》三卷。

二、学子生涯

唐玄宗天宝五年（746 年），河南府尹李齐物慧眼识才，决定将陆羽留在郡府里，亲自教授他诗文。在人生歧路上徘徊的陆羽，这时才真正开始了学子生涯，这对陆羽后来能成为唐朝著名文人和茶叶学家，有着不可

茶汤

估量的意义。唐天宝十一年（752年），当时的崔国辅老夫子，被贬为竟陵司马，在这期间，陆羽与崔公往来频繁，较水品茶，宴谈终日，他们之间的情谊日渐深厚，成为忘年之交。这也说明陆羽的才华、品德和崭露头角的烹茶技艺，已经为时人所赏识。

三、隐居苕溪

唐肃宗上元元年（760年），陆羽隐居苕溪（今浙江吴兴），自称桑苎翁，又号竟陵子。开始闭门著述，陆羽经常在田野中吟诗徘徊，或以竹击木，或有不称意时，就放声痛哭而归，因此当时人们将他比拟作“楚狂人”接舆。唐肃宗年间，陆羽曾被任为太子文学，因此有“陆文学”之称，后改任太常寺太祝，陆羽辞官不就。

陆羽阁

四、云游四海

陆羽生性淡泊，清高雅逸，喜欢与文人雅士交游，《全唐诗》中收录了陆羽写的《六羡歌》：“不羡黄金罍，不羡白玉杯，不羡朝入省，不羡暮登台，千羡万羡西江水，曾向竟陵城下来。”由诗中可看出陆羽淡泊名利的处世态度。陆羽的前半生经历受到了四个人的重大影响，即两僧两吏：两僧为智积和皎然，两吏为李齐物和崔国辅。在隐居期间，他与诗僧皎然、隐士张志和等人交往甚密，成为莫逆。陆羽不但喜爱大自然，对茶叶专业的兴趣更

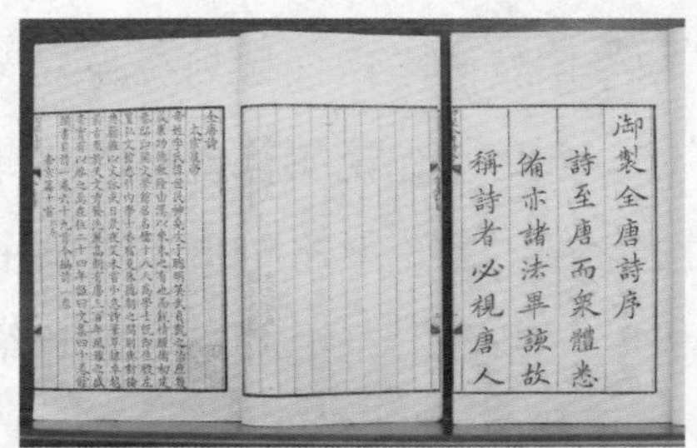

御製全唐詩序
詩至唐而衆體悉
備亦諸法畢該故
稱詩者必視唐人

清刻本《全唐诗》书影

大唐贡茶院　陆羽像

为浓厚，为钻研茶叶生产科学技术，他跋山涉水，四处云游，深入江苏、浙江、江西等各主要茶区进行调查研究，将游历考察时的所见所闻，随时记录下来，丰富了茶叶知识与技能，更是他日后撰写《茶经》的主要依据。

五、著书《茶经》

《茶经》共分为三卷十节，有七千余字，卷上：一之源，谈茶的起源、名称、品质，介绍茶树的形态特征；二之具，论采制茶叶的器具；三之造，说明茶叶种类和采制程序。卷中：四之器，述说烹茶饮茶的器皿。卷下：五之煮，讲茶的烹煮技巧和各地水质的优劣；六之饮，谈饮茶风尚的起源、传播与饮茶习俗，并提出饮茶方法；七之事，描写历代有关茶的故事、产地和药效；八之出，叙述各地所产的茶的优劣，并将唐朝全国茶叶生产区域划分为八大茶区；九之略，说明可省略的茶具；十之图，则论及将茶事以素绢书之事。《茶经》是中国第一部总结唐朝及唐朝以前有关茶事的来历、技术、工具、品啜之大成的茶业著作，也是世界上第一部茶书，它使中国的茶业从此有了比较完整的科学根据，对茶业生产与发展，产生了积极的作用，堪称一部茶道的百科全书。

《茶经》

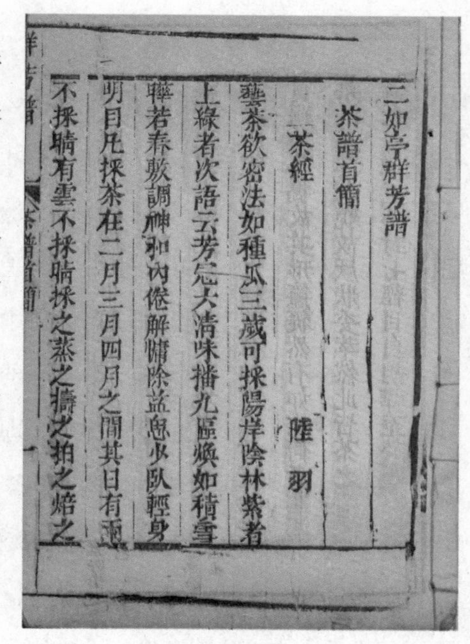

二如亭群芳譜
茶譜首簡
茶經　陸羽
藝茶欲密法如種瓜三歲可採陽崖陰林紫者
上綠者次語云芳冠六清味播九區煥如積雪
曄若春敷調神和內倦解慵除益思少臥輕身
明目凡採茶在二月三月四月之間其日有雨
不採晴有雲不採晴採之蒸之擣之拍之焙之

《茶经》内文

知识小百科

茶圣传说

在流传下来的茶书中，都记载了陆羽生平的一些逸事。唐人张又新的《煎茶水记》里曾记载这样一则小故事：一次，湖州刺史季卿船行至淮扬，适遇茶圣陆羽，便邀同行。抵扬子驿时，季卿曾闻扬子江南泠水煮茶极佳，即命士卒去汲此水。不料取水士卒近船前已将水泼剩半桶，为应付主人，偷取近岸江水兑充之。回船后，陆羽舀尝一口，说："不对呀，这是近岸江中之水，非南泠水。"命复取，再尝，才说："这才是南泠水。"士卒惊服，据实以告。季卿也大加佩服，便向陆羽请教茶水之道。于是陆羽口授，列出天下二十名水次第。当然，限于时代，所列名水，仅为他足迹所至的八九个省的几处而已，不能概括全国的众多名水。

陆羽不但是评泉、品泉专家，同时也是煎茶高手。《记异录》中记载了有关陆羽的逸事：唐朝代宗皇帝李豫喜欢品茶，宫中也常有一些善

茶圣陆羽

于品茶的人供职。有一次，竟陵（今湖北天门）积公和尚被召到宫中。宫中煎茶能手用上等茶叶煎出一碗茶，请积公品尝。积公饮了一口，便再也不尝第二口了。皇帝问他为何不饮，积公说："我所饮之茶，都是弟子陆羽为我煎的。饮过他煎的茶后，旁人煎的就觉淡而无味了。"皇帝听罢，记在心里，事后便派人四处寻找陆羽，终于在吴兴县苕溪的天杼山上找到了他，并把他召到宫中。皇帝见陆羽其貌不扬，说话有点结巴，但言谈中看得出他的学识渊博，出言不凡，甚感高兴。当即命他煎茶。陆羽立即将带来的清明前采制的紫笋茶精心煎后，献给皇帝，果然茶香扑鼻，茶味鲜醇，清汤绿叶，真是与众不同。皇帝连忙命他再煎一碗，让宫女送到书房给积公去品尝，积公接过茶碗，喝了一口，连叫好茶，于是一饮而尽。他放下茶碗后，走出书房，连喊"渐儿（陆羽的字）何在？"，皇帝忙问："你怎么知道陆羽来了呢？"积公答道："我刚才饮的茶，只有他才能煎得出来，当然是到宫中来了。"

六、不朽传奇

《茶经》的出现，在中国茶史上有里程碑的意义，它不仅奠定了陆羽在中国茶史上的地位，更提升了中国人的饮茶层次。陈师道在《茶经序》

西安大唐芙蓉园　陆羽茶社庭院

中写道："夫茶之著书，自羽始；其用于世，亦自羽始。羽诚有功于茶者也。上自宫省，下迨邑里，外及戎夷蛮狄，宾祀燕享，预陈于前。山泽以成市，商贾以起家，又有功于人者也。"这对陆羽一生在茶文化发展上的贡献所作的评断应是相当公允的。

千载悠悠，斯人早已驾鹤远游，其传奇却在天地间回响。"一叶杯中天，十之传永年。心去佛经外，意在山水间。雁叫惊广宇，龙盖破晓烟。竟陵圣贤地，天下祭茶仙。"天下受尽茶事恩惠者是不会忘记这位"茶圣"的。

知识小百科

旧韵长吟思茶仙

送陆羽之茅山，寄李延陵

［唐］刘长卿

延陵衰草遍，有路问茅山。
鸡犬驱将去，烟霞拟不还。
新家彭泽县，旧国穆陵关。
处处逃名姓，无名亦是闲。

访陆处士不遇

［唐］皎然

太湖东西路，吴王古庙前。
所思不可见，归鸿自翩翩。
何山尝春茗，何处弄清泉。
莫是沧浪子，悠悠一钓船。

寻陆鸿渐不遇

［唐］皎然

移家虽带郭，野径入桑麻。

近种篱边菊，秋来未著花。

扣门无犬吠，欲去问西家。

报到山中去，归时每日斜。

第六节 历代茶典

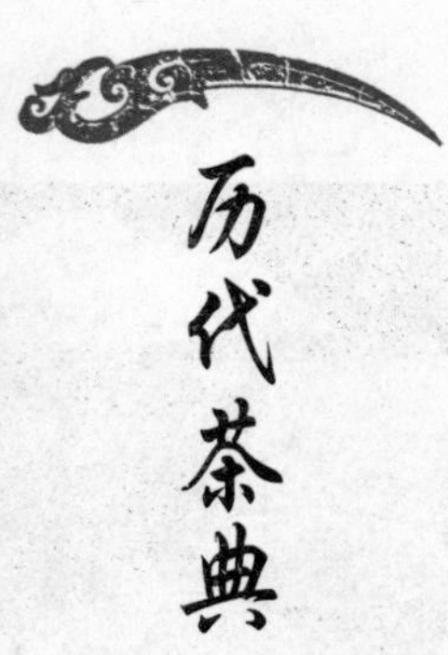

陆羽著《茶经》之后，茶叶专著陆续问世，进一步推动了中国茶事的发展。代表作品有宋朝蔡襄的《茶录》、宋徽宗赵佶的《大观茶论》，明朝钱椿年撰、顾元庆校的《茶谱》、张源的《茶录》，清朝刘源长的《茶史》等。

茶汤

一、《本朝茶法》[宋]沈括

沈括，字存中，钱塘（浙江杭州）人，寄籍苏州，嘉祐进士。累官翰林学士、龙图阁待制、光禄寺少卿。博学善文，于天文、方志、律历、音乐、医药、卜算，无所不通。撰有《长兴集》《梦溪笔谈》《苏沈良方》等，事迹附见《宋史》卷331《沈遘传》。

青花瓷中的茶汤

此篇原是《梦溪笔谈》卷12中的一段，《说郛》和《五朝小说》录出作为一书，即用该段首四字题名为《本朝茶法》，共1000多字。记述了宋朝茶税和茶叶专卖之事。《梦溪笔谈》作于其晚年住润州（江苏镇江）梦溪时（1085—1095年）。

二、《大观茶论》[宋]赵佶

《大观茶论》是宋徽宗赵佶关于茶的论文，成书于大观元年（1107年）。全书共二十篇，对北宋时期蒸青团茶的产地、采制、烹试、品质、斗茶风俗等均有详细记述。其中"点茶"一篇论述深刻。侧面反映了北宋以来我国茶业的发达程度和制茶技术的发展状况，也为我们认识宋朝茶道留下了珍贵的文献资料。

赵佶《文会图》

三、《茶录》[宋]蔡襄

蔡襄（1012—1067 年），北宋兴化仙游（福建）人。字君谟，为北宋著名茶叶鉴别专家。宋仁宗庆历年间（1041—1048 年），任福建转运使，负责监制北苑贡茶，创制了小团茶，闻名于世。《茶录》是蔡襄有感于陆羽《茶经》“不第建安之品”而特地向皇帝推荐北苑贡茶之作。分上下两篇，上篇论茶，分色、香、味、藏茶、炙茶、碾茶、罗茶、候汤、烤盏、点茶十个方面，主要讲述茶的品质鉴别和烹饮方法。下篇论器，分茶焙、茶笼、砧椎、茶铃、茶碾、茶罗、茶盏、茶匙、汤瓶九个方面。《茶录》是继陆羽《茶经》之后最有影响的茶书。

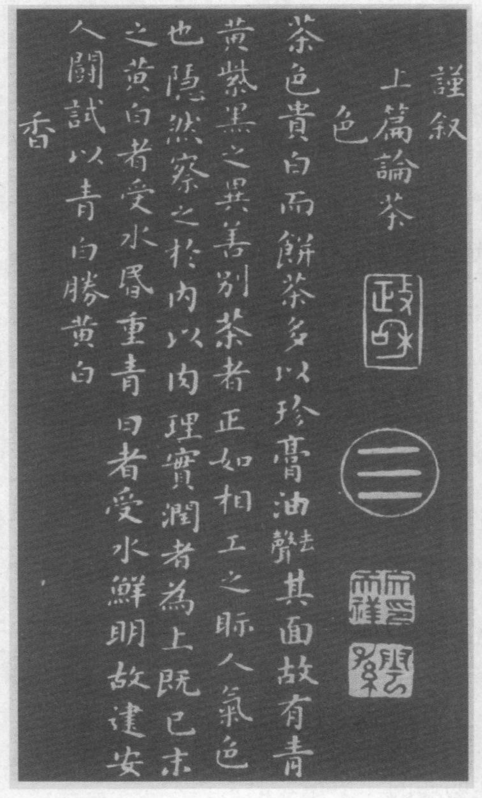

謹敘

上篇論茶

色

茶色貴白而餅茶多以珍膏油（去聲）其面故有青黃紫黑之異善別茶者正如相工之眂人氣色也隱然察之於內以肉理實潤者為上既已末之黃白者受水昏重青白者受水鮮明故建安人鬭試以青白勝黃白

香

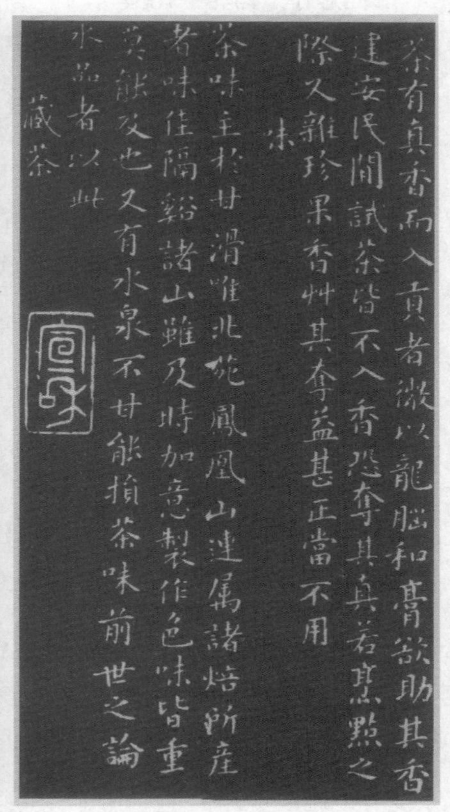

茶有真香而入貢者微以龍腦和膏欲助其香建安民間試茶皆不入香恐奪其真若烹點之際又雜珍果香草其奪益甚正當不用

味

茶味主於甘滑惟北苑鳳凰山連屬諸焙所產者味佳隔谿諸山雖及時加意製作色味皆重莫能及也又有水泉不甘能損茶味前世之論水品者以此

藏茶

蔡襄手书《茶录》

四、《北苑别录》[宋]赵汝砺

赵汝砺事迹无考。《宋史》宗室世系表汉王房下有汉东侯宗楷曾孙汝砺，又商王房下左领卫将军士曾孙也有汝砺，未知孰是。此书是汝砺在宋淳熙丙午年间（1186年）做福建路转运司主管账司的时候，为补熊蕃《宣和北节贡茶录》而写的。《四库全书》著录，附在熊蕃贡茶录后。全书正文二千八百多字，旧注约七百字，汪继壕增注二千多字。叙述御园地址、采制方法、贡品种类及其数量，以及茶园管理等。

五、《茶疏》[明]许次纾

许次纾（1549—1604年），字然明，号南华，明钱塘人。清厉鹗《东城杂记》载："许次纾……方伯茗山公之幼子，跛而能文，好蓄奇石，好品泉，又好客，性不善饮……所著诗文甚富，有《小品室》《荡栉斋》二集，今失传。予曾得其所著《茶疏》一卷，……深得茗柯至理，与陆羽《茶经》相表里。"许次纾嗜茶之品鉴，并得吴兴姚绍宪指授，故深得茶理。该书撰于明万历二十五年（1597年）。该书《四库全书总目提要》存目，并评曰："是书凡三十九则，论采摘、收贮、烹点之法颇详。"

六、《岕茶汇抄》[清]冒襄

冒襄（1611—1693年），字辟疆，号巢民，又号朴巢，江苏如皋人。冒襄幼有俊才，负时誉。史可法荐为监军，后又特用司李，皆不就。明亡后无意用世，性喜客，所居有朴巢、水绘园、深翠山房诸胜，擅池沼亭馆之景，四方名士，招致无虚日。晚年结匿峰庐，以图书自娱。有《水绘园诗文集》《朴巢诗文集》《影梅庵忆语》等传世。《岕茶汇抄》大半取材于冯可宾《岕茶笺》，还钞于许次纾《茶疏》和熊明遇的《罗岕茶记》。

冒襄像

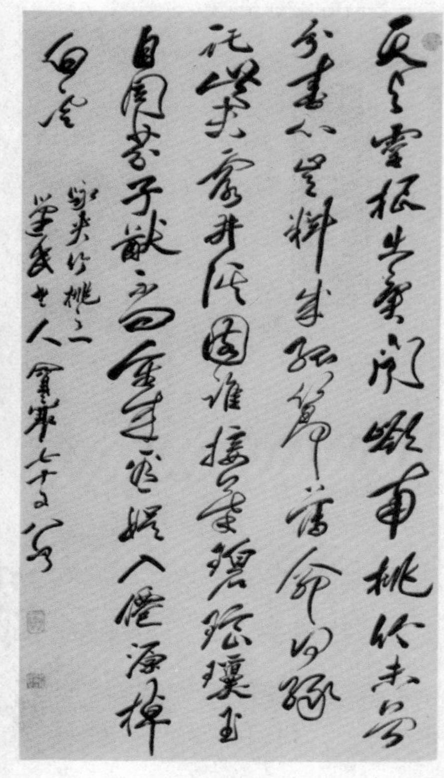

冒襄书法

茶叶百科

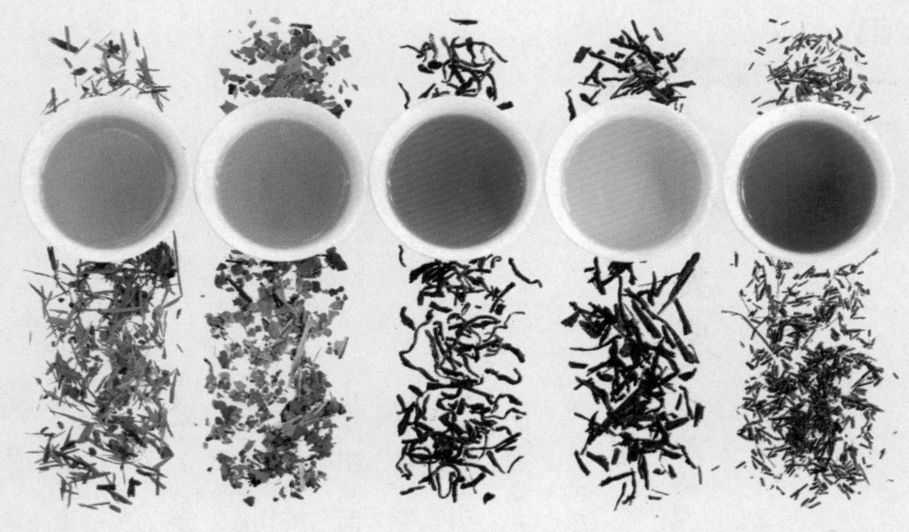

各色茶汤

中国茶园面积有一百余万公顷，其茶区分布南起北纬18度的海南榆林，北抵北纬37度的山东荣成，西自东经94度的西藏茶隅，东至沿海各地。共包括浙江、湖南、四川、安徽、福建、云南、湖北、广东、广西、江西、贵州、江苏、陕西、河南、山东、甘肃、西藏、海南等19个省区的近千个县、市，地跨热带、亚热带和温带。受地理条件的影响，各地出产的茶叶风格自有不同；各地茶农千百年来实践累积的制茶工艺千差万别，也使得茶叶品类丰富，赏鉴不易。

第一节 茶叶类鉴

我们在茶叶商店总是见到五花八门的茶叶名称，令人眼花缭乱。其实名称多样化是各产茶地及各产茶商刻意造成的。有的根据茶叶形状的不同而命名，如珠茶、银针等；有的结合产地的山川名胜而命名，如西湖龙井、普陀佛茶等；有的根据传说和历史故事命名，如大红袍、铁观音等。

一、茶的分类

中国茶叶的分类尚无统一的方法，但比较科学的分类是依据制造方法和品质上的差异来划分的，特别是根据各种茶加工后茶多酚的氧化聚合程度由浅入深而将各种茶叶归纳为六大类，即绿茶、黄茶、白茶、青茶、红

绿茶

黄茶

绿茶茶汤

青茶

青茶茶汤

白茶

白茶茶汤

红茶

红茶茶汤

黑茶

黑茶茶汤

茶和黑茶。这六大类茶被称为基本茶类。用这些基本茶类的茶叶进行再加工，如窨花后形成花茶，蒸压后形成紧压茶，浸提萃取后制成速溶茶，加入果汁形成果味茶，加入中草药形成保健茶，把茶叶加入饮料中制成含茶饮料等。因此再加工茶类也有六大类，即花茶、紧压茶、萃取茶、果味茶、药用保健茶和含茶饮料。

茶青（俗称茶菜）从采摘下来到杀青这段时间内，在日光萎凋（或热风萎凋）、室内萎凋与搅拌等过程中，发酵就一直在进行，根据发酵程度可分为不发酵的绿茶类、半发酵的青茶类、全发酵的红茶类、后发酵的黑茶类。茶叶中发酵程度的轻重不是绝对的，当有小幅度的误差，依其发酵程度大约红茶 95% 发酵，黄茶 85% 发酵，黑茶 80% 发酵，乌龙茶 60% ~ 70% 发酵，包种茶 30% ~ 40% 发酵，青茶 15% ~ 20% 发酵，白茶 5% ~ 10% 发酵，绿茶完全不发酵。而青茶之毛尖并不发酵，绿茶之黄

采茶

茶青

茶青

炒茶

晒茶

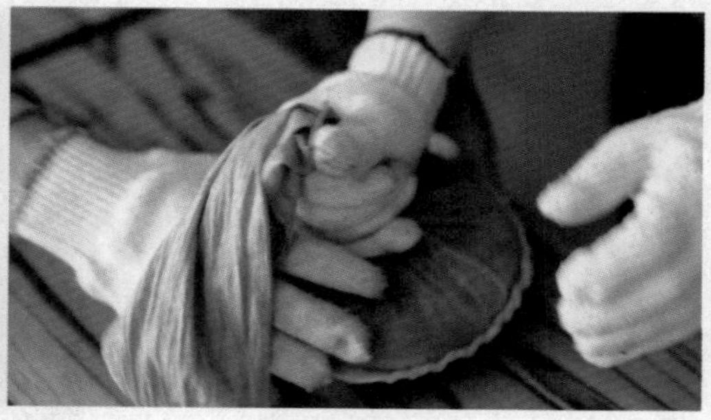

制茶

汤反有部分发酵。国际上通常是按不发酵茶、半发酵茶、全发酵茶、后发酵茶来作简单分类。

各色茶汤

依茶青焙火的次数及时间的长短来分类，则有：轻火——生茶，中火——半熟茶，重火——熟茶。

茶随着自然条件的变化也会有差异，如水分过多，茶质自然较淡。随着不同季节制造的茶，就有了春茶、夏茶、秋茶、冬茶等不同。

萎凋，是茶叶在杀青之前消散水分的过程，分为日光萎凋与室内萎凋。萎凋不一定会产生发酵，制茶过程中，静置而不去搅拌或促使叶缘细胞膜破裂产生化学变化则将不会引发发酵现象。一般而言，绿茶是不萎凋、不发酵；黑茶是不萎凋、后发酵；而黄茶是不萎凋、不发酵（黄茶是杀青后闷黄再补足发酵的）；白茶为重萎凋、不发酵；青茶、包种茶、乌龙茶为萎凋、部分发酵。

二、六大茶品

绿茶

绿茶：又称不发酵茶。是以适宜的茶树新梢为原料，经杀青、揉捻、干燥等典型工艺过程制成的茶叶。其干茶色泽和冲泡后的茶汤、叶底以绿色为主调，故有此名。绿茶较多地保留了鲜叶内的天然物质。其中茶多酚、咖啡因保留鲜叶的85%以上，叶绿素保留50%左右，维生素损失也较少，从而形成了绿茶“清汤绿叶，滋味收敛性强”的特点。中国绿茶中，名品较多，不但香高味长，品质优异，且造型独特，具有较高的艺术欣赏价值。绿茶按其干燥和杀青方法的不同，一般分为炒青、烘青、晒青和蒸青绿茶。

黄茶：黄茶的品质特点是“黄叶黄汤”。黄茶的基本制作工艺近似绿茶，但在制茶过程中进行闷堆渥黄，因此具有黄汤黄叶的特点。有的揉前堆积闷黄，有的揉后堆积或久摊闷黄，有的初烘后堆积闷黄，有的再烘时闷黄。黄茶依原料芽叶的嫩度和大小可分为黄芽茶、黄小茶和黄大茶三类。黄茶芽叶细嫩、显毫、香味鲜醇。由于品种的不同，在茶片选择、加工工艺上有相当大的区别。比如，湖南省岳阳洞庭湖君山的“君山银针”茶，采用的全是肥壮的芽头，制茶工艺精细，分杀青、摊放、初烘、复摊、初包、复烘、再摊放、复包、干燥、分级等十道工序。加工后的“君山银针”茶外表披毛，色泽金黄光亮。

黄茶　君山银针

白茶：白茶，顾名思义，这种茶是白色的，一般地区不多见。白茶生产已有200年左右的历史，最早是由福鼎市首创的。该市有一种优良品种的茶树——福鼎大白茶，茶芽叶上披满白茸毛，是制茶的上好原料，最初用这种茶芽叶生产出白茶。由于人们采摘了细嫩、叶背多白茸毛的芽叶，加工时不炒、不揉，晒干或用文火烘干，使白茸毛在茶的外表完整地保留下来，这就是它呈白色的缘故。白茶为福建的特产，主要产区在福鼎、政和、松溪、建阳等地。基本工艺是萎凋、烘焙（或阴干）、拣剔、复火等工序。萎凋是形成白茶品质的关键工序。白茶具有外形芽毫完整、满身披毫、毫香清鲜、汤色黄绿清澈、滋味清淡回甘的品质特点。它属轻微发酵茶，是我国茶类中的特殊珍品。因其成品茶多为芽头，满披白毫，如银似雪而得此名。

安吉白茶

白茶茶汤

乌龙茶：亦称青茶、半发酵茶，以此茶的创始人而得名，透明的琥珀色茶汁是其特色。乌龙茶是我国几大茶类中，独具鲜明特色的茶叶品类。乌龙茶综合了绿茶和红茶的制法，其品质介于绿茶和红茶之间，既有红茶的浓鲜味，又有绿茶的清香味，并有“绿叶红镶边”的美誉。品尝后齿颊留香，回味甘鲜。制作品质优异的乌龙茶，首先是选择优良品种茶树鲜叶作原料，严格掌握采摘标准；其次是极其精细的制作工

冻顶乌龙茶

人参乌龙茶

人参乌龙茶茶汤

大红袍

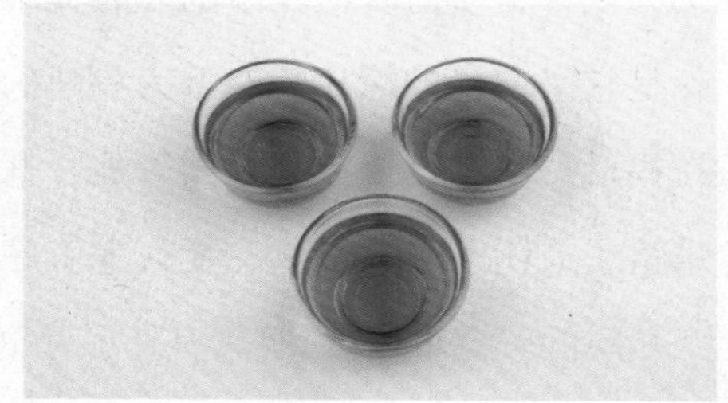
大红袍茶汤

艺。乌龙茶因其做青的方式不同，分为“跳动做青”“摇动做青”“做手做青”三个亚类。市场上习惯根据其产区不同分为闽北乌龙、闽南乌龙、广东乌龙、台湾乌龙等亚类。乌龙茶是中国茶的代表，是一种半发酵的茶，但其实乌龙茶只是总称，还可以细分出许多不同类别的茶。例如：水仙、白牡丹、黄旦（黄金桂）、本山、毛蟹、武夷岩茶、冻顶乌龙、肉桂、奇兰、凤凰单丛、凤凰水仙、岭头单丛、包种以及适合配海鲜类食物的铁观音等。

知识小百科

乌龙茶的传奇

乌龙茶由宋朝贡茶龙团、凤饼演变而来，创制于1725年（清雍正年间）前后。据福建《安溪县志》记载：“安溪人于清雍正三年首先发明乌龙茶做法，以后传入闽北和台湾。”另据史料考证，1862年福州即设有经营乌龙茶的茶栈，1866年台湾乌龙茶开始外销。

乌龙茶

乌龙茶的产生，还有些传奇的色彩。据《福建之茶》《福建茶叶民间传说》记载，清朝雍正年间，在福建省安溪县西坪乡南岩村里有一个茶农，也是打猎能手，姓苏名龙，因他长得黝黑健壮，乡亲们都叫他“乌龙”。一年春天，乌龙腰挂茶篓，身背猎枪上山采茶，采到中午，一头山獐突然从身边溜过，乌龙举枪射击但负伤的山獐拼命逃向山林中，乌龙也随后紧追不舍，终于捕获了猎物。当他把山獐背到家时已是掌灯时分，乌龙和全家人忙于宰杀、品尝野味，已将制茶的事全然忘记了。翌日清晨全家人才忙着炒制昨天采回的“茶青”。没有想到放置了一夜的鲜叶，已镶上了红边，并散发出阵阵清香，当茶叶制好时，滋味格外清香浓厚，全无往日的苦涩之味。通过精心琢磨与反复试验，经过萎凋、摇青、半发酵、烘焙等工序，终于制出了品质优异的茶类新品——乌龙茶。安溪也随之成了著名的乌龙茶茶乡了。

安溪茶山

黑茶：属于后发酵茶，是我国特有的茶类，生产历史悠久，最早的黑茶是由四川生产的、由绿毛茶经蒸压而成的边销茶。由于四川的茶叶要运输到西北地区，当时交通不便，运输困难，必须减少体积，蒸压成团块。在加工成团块的过程中，要经过二十多天的湿坯堆积，所以毛茶的色泽逐渐由绿变黑。成品团块茶叶的色泽为黑褐色，并形成了茶品的独特风味，这就是黑茶的由来。黑茶是利用菌发酵的方式制成的一种茶叶，它的出现距今已有400多年的历史。由于黑茶的原料比较粗老，制造过程中往往要堆积发酵较长时间，所以叶片大多呈现黑褐色，因此被人们称为“黑茶”。黑茶按照产区的不同和工艺上的差别，可以分为湖南黑茶、湖北佬扁茶、云南普洱茶、四川边茶和滇桂黑茶。对于喝惯了清淡绿茶的人来说，初尝黑茶往往难以入口，但是只要坚持长时间的饮用，人们就会喜欢上它独特的浓醇风味。黑茶流行于云南、四川、广西等地，同时也受到藏族、蒙古族和维吾尔族的喜爱，现在黑茶已经成为他们日常生活中的必需品。

四川边茶

普洱茶茶饼

糯米普洱茶

普洱茶茶汤

红茶：属于发酵茶类，以茶树的一芽二三叶为原料，经过萎凋、揉捻、发酵、干燥等典型工艺过程精制而成。因其干茶色泽和冲泡的茶汤以红色为主调，故名红茶。红茶创制时称为“乌茶”。红茶在加工过程中发生了以茶多酚酶促氧化为主的化学反应，鲜叶中的化学成分变化较大，茶多酚减少 90% 以上，产生了茶黄素、茶红素等新成分，香气物质比鲜叶明显增加。所以红茶具有红茶、红汤、红叶和香甜味醇的特征。我国红茶种类较多，产地较广，以祁门红茶最为著名，为我国第二大茶类，出口量占我国茶叶总产量的 50%左右。

第二节 制茶史话

唐朝以前因无专论的茶书，故难以考证汉、魏、六朝制茶之法如何，不过《茶经》第七章茶的逸事中，摘录北魏张揖所著《广雅》一文曰：『荆巴之间，采茶叶为饼状……』可得知唐以前已有做成饼状的团茶，这应是不会错的。

茶翁古镇　茶翁雕塑

一、唐朝的制茶方法

在陆羽的《茶经》中，对于制茶过程及使用器具，分二、三两章分别说明，而团茶的制造方法陆羽则分采、蒸、捣、拍、焙、穿、藏等七个步骤。

采茶。茶叶的采摘约在二三月间，若遇雨天或晴时多云或阴天都不采，一定等到晴天才可摘采，茶芽的选择，以茶树上端长得挺拔的嫩叶为佳。

采茶

蒸茶。采回的鲜叶放在木制或瓦制的甑牛（蒸笼）内，甑又放在釜上，釜中加水置于灶上，蒸笼内摆放一层竹皮做成的箅，茶青平摊其上；蒸熟后将箪取出即可。

捣茶。茶青既已蒸熟，趁其未凉前，快速放入杵臼中捣烂，捣得越细越好，之后将捣烂的茶泥倒入茶模，模一般为铁制，模有圆、方或花形，因此团茶的形状有很多种。

拍茶。茶模下置檐布（褶文很细、表面光滑的绸布），檐布下放石承（受台），承一半埋入土中，使模固定而不滑动。茶泥倾入模后须加以拍击，使其结构紧密坚实不留缝隙，等茶完全凝固，拉起檐布即可轻易取出，然后更换下一批凝固的团茶，这时团茶并未干燥，要置于竹席（竹篓）上透干。

产茶诸事

焙茶。团茶水分若未干，易发霉，难以保存储藏，故须焙干以利收藏。晾干后的团茶，先用棨（锥刀）挖洞，再用竹扑将已干的茶穴打通，最后用一根细竹棒将一块块的团茶穿起来，放在棚（木架）上焙干。焙炉掘地二尺深，宽二尺半，长一丈，上有低墙。焙茶的木架高一尺，分上、下二棚，半干的团茶放在下棚，全干燥后则移到上棚。

穿茶。焙干的团茶分斤两贯穿。中国古代的铜钱中有圆孔或方孔，可用线贯穿成串，以便储藏或携带。团茶因中间有孔穴，故也可穿成一串，较利于运销。

藏茶。团茶的储藏是件重要的工作，若收藏不当则茶味将大受影响。育器是用来贮茶的工具，它以竹片编成，四周糊上纸，中间设有埋藏热灰的装置，可常保温热，在梅雨季节时可燃烧加温，防止湿气霉坏团茶。

二、宋朝的制茶方法

宋朝对茶的品质更为讲究，赵汝砺《北苑别录》记载的团茶制法，较陆羽的制法更精细，品质也更为提高。宋团茶制法是采、拣、蒸、榨、研、造、过黄等七个步骤。

采茶。由于贡茶的大量需求，只能由训练有素的采茶工担任采茶的工作。采茶在天明前开工，至旭日东升后便不适宜再采，因为天明之前未受日照，茶芽肥厚滋润；如果受到日照，则茶芽膏腴就会被消耗，茶汤亦无鲜明的色泽。采茶宜用指尖折断，若用手掌搓揉，茶芽易受损。

茶

茶青

拣芽。茶工摘的茶芽品质并不十分匀齐，故须挑拣。形如小鹰爪者为“小芽”，芽先蒸熟，浸于水盆中只挑如针细的小芽制茶者为“水芽”，水芽是芽中精品，小芽次之。如能精选茶芽，则茶之色、味必佳，因此拣芽对茶品质之高低有很大的影响。宋人对茶品质的注重更在唐人之上。

蒸茶。茶芽多少沾有灰尘，最好先用水洗涤清洁，等水滚沸，将茶芽置于甑中蒸。蒸茶须把握得宜，过热则色黄味淡，不熟则包青且易沉淀，又略带青草味。

榨茶。蒸熟的茶芽谓“茶黄”，茶黄得淋水数次令其冷却，先置小榨床上榨去水分，再放大榨床上榨去油膏，榨膏前最好用布包裹起来，再用竹皮捆绑，然后放在榨床下挤压，半夜时取出搓揉，再放回榨床，这是翻榨，如此彻夜反复，至完全干透为止，这样茶味才能久远，滋味浓厚。

研茶。研茶的工具，用柯木为杵，以瓦盆为臼，茶经过挤榨的过程后，已干透没有水分了，因此研茶时每个团茶都得加水研磨，水是一杯一杯地加，同时也有一定的数量，品质越高者加水越多。研茶的工作得选择腕力强劲之人来做，但加十二杯水以上的团茶，一天也只能研一团而已，可见其制作的费时及费事了，然其品质的精细也是唐朝团茶所望尘莫及的。

造茶。研过的茶，最好用手指搓揉看看，一定要全部研得均匀，揉起来觉得光滑，没有粗块才放入模中定型，模有四十余种之多。

炒茶

过黄。所谓“过黄”是干燥的意思，其程序是将团茶先用烈火烘焙，再从滚烫的沸水撂过，如此反复三次，最后再用温火烟焙一次，焙好又过汤出色，随即放在密闭的房中，以扇快速扇动，如此茶色才能光润，做完这个步骤，团茶的制作就完成了。

由于宋朝饮茶风气较盛，名茶不下百种之多，技术上也有突破的发展。宋朝末年发明散茶制法，于是制茶法由团茶发展到散茶，使得茶的制法和古法有了一百八十度的转变；到元朝团茶渐次淘汰，散茶则大为发展，元朝末年时又由“蒸青法”改为“炒青法”；明时团茶已不再流行，炒青散茶则大为流行。许次纾《茶疏》所载者，即为炒青制茶法，一直到现在还是使用炒青法。

知识小百科

世界茶王——千两茶

高约 150cm，周长约 72cm，直径约 24cm，重量逾千两，市价人民币约 7 万元。

千两茶生产于湖南西部安化县高家溪和马安溪一带，是为方便骡马长途运输而产制，千两茶的制法是先以人工挤压成型再用竹叶、棕榈叶等包覆，最后以竹片及竹条加以重压捆扎而成。

千两茶主要驮销至内蒙古及黄土高原一带之游牧民族，是游牧民族于部落节庆、聚会及招待贵客时用来泡煮奶茶的重要原料。后

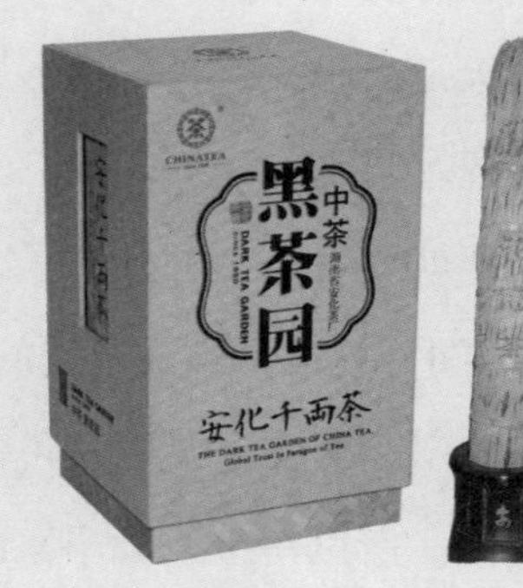

安化千两茶

安化千两茶工艺

来约于1948年因公路建设日渐通畅，不再需要如此庞大的包装，而改生产约百两重的茶饼或茶砖，因此千两茶最新的产品至少有70年以上的历史。

安化千两茶

由于千两茶的日渐稀少与罕有，目前已被列为北京故宫博物院的收藏品，中国台湾台北的坪林茶叶博物馆亦珍藏有两支。曾有人试验将千两茶浸泡于水中，竟发现千两茶历经70年，其茶心依然干硬不受水气。由此可知，遵循古法所制的千两茶，在没有添加任何防腐剂或化学药剂的状况下，产存至今虽已超过70年以上的岁月，但其饮用起来仍旧味香天成、喉韵甘美，不输任何现代精制的茶品，令人不禁感佩前人苦心制茶所付出的血汗与劳力，谓千两茶为世界茶王确属实至名归。

三、现代的制茶工艺

茶的制作并不是件简单的事，因为要制出高品质的茶叶，必须要各方面的条件相互配合得宜才行。“天、地、人”三者是制茶最重要的条件，唯有三者能充分配合，才可制出高品质的茶叶。天是天时，就是气候；地是地利，也就是土质；人是“人和”，就是栽培技术与制茶技术。摘下来的茶青如何制作才能将茶的特色完全表现出来，那就要看茶师的技术了，比如，萎凋的时间、发酵的程度、烘焙的次数与时间等并不是一成不变的，必须根据经验与当时的情况来决定。制茶的技术，不是用文字或学理可以完全说清楚的，因为它是一门既灵活又深奥的学问。所以一个经验丰富的茶师，是相当难得的。

每种茶的制作过程虽不尽相同，但一般都会有如下步骤和过程。

采摘。采摘是用食指与拇指挟住叶间幼梗的中部，借两指的弹力将茶叶折断，采摘时间以中午十二时至下午三时较佳，不同的茶采摘部位也不同，有的采一个顶芽和芽旁的第一片叶子叫一心一叶，有的多采一叶叫一心二叶，也有一心三叶。

茶厂制茶

日光萎凋。采摘下来之茶青须于日光下摊晒，或利用热风使茶青水分适度蒸散，减少细胞水分含量，降低其活性并除去细胞膜之半透性，而细胞中各化学成分亦得以借酵素氧化作用引起发酵。

炒青。茶青萎凋至适当程度即以高温炒青破坏叶中酵素活性，停止发酵，并可除去鲜叶中的臭青味，而鲜叶亦因水分的蒸散而便于揉捻。

揉捻。将炒青后之茶叶置入揉捻机内，使其滚动并形成卷曲状，由于受到揉压，因此遂有部分汁液被挤出而黏附于表面，如此在冲泡时便可很容易地溶解于茶汤之中，不同的茶其揉捻程度也不一样。

团揉（乌龙茶制法）。团揉是以布巾包裹茶叶使其成为圆球状，再以手工或布球揉捻机来回搓压，并不时将茶叶摊开打散以散热，团揉过后的茶叶茶身将更为紧结而形成半球形或球形。

渥堆（普洱茶制法）。一般茶青制作到揉捻已算告一段落，剩下的只是干燥，但后发酵茶在杀青、揉捻后有一个堆放的过程称为“渥堆”，也就是将揉捻过的茶青堆积存放。由于茶青水分颇高，堆放后会发热，且引发了微生物的生长，使茶青产生了另一种发酵，茶质被降解而变得醇和，颜色被氧化而变得深红，这就是普洱茶。

干燥。干燥就是利用干燥机以热风烘干揉捻后之茶叶，使其含水量低于百分之四，利于储藏运销，通常为了能使内外干燥一致，常采用二次干燥法，先使其达到七八成干燥，然后取出回潮，再进行第二次的干燥。

紧压。紧压就是把制成的茶蒸软后加压成块状，这样的茶就被称为“紧压茶”，除便于运输、储藏外，蒸、压、放的过程中也会为茶塑造出另一种老成、粗犷的风味。紧压的形状有圆饼状、方砖状、碗状、球状、柱状等，紧结程度也有所不同，有些紧压茶只要用手一剥就可以剥开，有些紧压茶就非得用工具不可。紧结的程度也会影响陈放的效果，紧结程度高者，陈放的效应慢，茶性显得结实；紧结程度低者，陈放的效应快，茶性显得豪放。

紧压茶

精制。茶青经过萎凋、发酵、杀青、揉捻、干燥等制造工序（不发酵茶略前两项，后发酵茶在揉捻后增加渥堆）后制成的茶称为初制茶，这样的茶品质并不稳定，不能就此推向市场，放一段时间后容易变质。初制茶必须经过精制的过程，茶才算完全制成。

加工茶精制之后，已可以包装上市了，但为了使茶更加多样化，还可以拿来做些加工。加工可分成熏花、焙火、掺和、陈放等四个方式。

熏花。茶有个特性，就是

很会吸收别的气味，我们就利用它的这种特性，让它吸收我们喜欢的花香，如将茉莉花与之拌在一起，它就会吸收茉莉花的香气而成为茉莉花茶，将桂花与之拌在一起，它就会吸收桂花的香气而成为桂花茶等。花是要新鲜的花，而且是含苞待放的花。但拌以新鲜的花，茶叶会受潮，所以在熏过花后还要再干一次。熏的时间一般八小时左右。这里所说的“熏”只是将花与茶依一定比例拌在一起而已，并未加热，但花与茶拌在一起后会发热，太热时还要翻拌一下使其散热，谓之“通花”。熏花又有人写成窨花，花茶也有人叫作香片。熏花是可以多次进行的，因为如果只是熏一次，香气并未入里，冲泡一次、二次后就没有花香了。改善之道可以再熏制一次，

花茶

也就是在再干后，重新拌入另一批新鲜的花朵，重复制作一次，这样制成的茶就称为双熏花茶。什么茶配什么花没有一定准则，但一般人会考虑相配不相配的问题，如茉莉花与桂花比较起来茉莉花较年轻、桂花较成熟，所以我们会用青茶或绿茶熏茉莉花，用冻顶或铁观音熏桂花。

焙火。如果我们想让制成的茶有股火香，感觉比较温暖一点，可拿来用火烘焙。焙火轻重也会造成不同的风味，焙火轻者喝起来感觉比较生，焙火重者喝起来感觉比较熟。焙火轻者颜色较亮，焙火重者颜色较暗，这颜色包括茶干的颜色与冲泡后茶汤的颜色。

掺和。掺和就是把喜欢而且可以掺的食物与红茶拌在一起。如把洛神花切碎了与红茶掺在一起，就成了洛神花茶；把薄荷切碎了和清茶掺在一起，就成了薄荷茶。将食用香料掺入茶中的做法也称为掺和，如加入苹果香料而成苹果茶，加入柠檬香料而成柠檬茶。掺和茶必须把掺和的物品标示出来，若掺了增加茶叶甘度与香气的物质而不标示，只说该茶又甘又香，那就违反了食品标示法。到目前为止，各类茶的香气尚无法以人工合成的方式制造，所以若是某种茶像极了某种花或某种食品的香，那就要怀疑是否掺了人工香料。茶的甘也不会一喝就很凸显，而是所谓的回甘，若是喝了马上感受到甘味，而且很强烈，也应该怀疑是否掺入了人工香料。

重庆茶博会上的普洱茶与砖茶

陈放。陈放就是把茶买回来放，放一年、五年或更久，使茶性变得更加醇和。陈放一年者属于短期陈放，目的只在降低茶的青味与寒性，多用于绿茶或不焙火的茶类，这类型的陈放特别要求干燥。陈放三五年以上者属于中期陈放，目的是要改变茶叶的品质特性，使其在原有基础上变得醇净而少刺激，多用于轻火以上的叶茶类。十年以上者属于长期的陈放，目的在于改变茶叶的风格，使之产生老茶的另一股风味，多用于轻火以上的叶茶类与后发酵茶。陈放要在阴干无杂味的地方，包装的要求是防潮不透光，但不要抽真空、不要冷藏。湿度高的时候不要开封，受潮后要再干，再干的方法依茶的种类选择低温干燥或高温干燥。

第三节 茶叶品评

茶叶感官评茶因其准确、全面、迅捷的优点，一直被视为检验茶叶品质的基本方法。虽然今天的理化检验已有较大发展，但还不能全面反映与级别、品质间的线性关系，且某些项目尚无法做到全面推广；同时，茶叶作为饮品，最终是由人消费，而目前还没有仪器能够取代人的感官反应。因此，感官评茶在世界范围被认可为评定品质优劣和等级的唯一方法。

各国间进行感官评茶虽然在操作环节上不尽一致，但内容一般均包含形、色、香、味和叶底（茶渣）等，其彼此间存在相互影响，但重要的是它们代表了茶叶品质的不同方面，分别体现了茶叶品质的主要特征，而每一项内容又不能单独地反映出茶叶总体的品质。在我国茶叶界，普遍使用的感官评茶方法，依据审评内容可分为五项评茶法和八因子评茶法两种。

各色茶汤

一、五项评茶法

五项评茶法是我国传统的感官评茶方法，即将审评内容分为外形、汤色、香气、滋味和叶底，经干评、湿评后得出结论。在每一项审评内容中，均包含诸多审评因素：外形需评定嫩度、形态、整碎、净度等；汤色需评定颜色、亮度和清浊度等；香气需评定香型、高低、纯异和持久性等；滋味需评定纯异、浓淡、醉涩、厚弱、甘苦及鲜爽感等；叶底需评定嫩度、色泽、匀度等。每个因素的不同表现，均有专用的评茶术语予以表达。

评茶

五项评茶法要求审评人员视、嗅、味觉器官并用，外形与内质审评兼重。在运用此法时由于时间的限制，尤其是在多种茶审评时，工作强度难度较大，因此不仅需要评茶人员训练有素，审评中也需形成侧重和主次之分，即不同项目间和同一项目不同因素间，重点把握对品质影响大和对品质表现起主要作用的项目（因素），并考虑相互的影响，作出综合评定。

评茶师评茶

评茶师评茶

五项评茶法的计分，一般是依据不同茶类的饮用价值体现，通过划分不同的审评项目品质（评分）系数，进行加权计分。就单个项目品质系数而言，外形所占比值最大，但小于内质各项比值之和。采用加权计分，不仅较好地体现了品质侧重，也保障了综合评定的准确性，排除了各个审评项目单独计分的弊端。

五项评茶法主要运用在农业系统的茶叶质量检验和品质评比中，在科研机构中也多有针对性的运用。

二、八因子评茶法

自 20 世纪 50 年代起至 80 年代中期，我国茶叶生产一直实行计划调拨制，限于当时专业评茶队伍的规模，虽然产销双方的加工、交接验收等均有统一的标准样，但在实际的检评过程中，由于加工的茶叶与标准样品质上必然存在差异，势必对茶叶品质形成不同的意见，进而引发争议。为消除产销双方不断出现的争议，以维护正常的生产，并利于管理，有关主管部门经协商后于 50 年代起在商业系统尤其是在外贸系统中推出八因子评茶法，用以评定茶叶品质。

最初的八因子评茶法，审评内容由外形的条索（或颗粒）、整碎、净度、色泽及内质的香气、滋味、叶底色泽和嫩度构成，以后又修改为条索（颗粒）、

各色茶汤

茶汤

整碎、净度、色泽、汤色、香气、滋味和叶底。

从八因子评茶法的规定看，最主要的特点是将外形审评项目具体化，分列为四个因子，在某些情况下，会视汤色为附带因子，当认为无损于茶叶品质最终评定准确性时将予以取消。

同时，为执行评茶计价，规定采用标准样对照百分制或五级划分制计分，且各因子单独计分；干评、湿评因子得分各占50%。

八因子评茶法的使用目的，是期望通过采用一些易掌握和运用的技能，指定审评易区分出差别的因素，从而得出茶叶品质结论。在运用的感官技能中，侧重于以视觉进行判断和比较，对依靠嗅觉和味觉判断的因子要求相对不高，计分时给予的比值较低。八因子评茶法的制定依据：选择简单、可比性强的因素，以利统一观点。在实行计划调拨的生产体制下，采用八因子评茶法对减少争议起到了一定作用。

三、茶叶感官审评术语

（一）干茶形状术语

显毫：茸毛含量特别多。同义词：茸毛显露。

锋苗：芽叶细嫩，紧卷而有尖锋。

身骨：茶身轻重。

重实：身骨重，茶在手中有沉重感。

轻飘：身骨轻，茶在手中分量很轻。

匀整：上中下三段茶的粗细、长短、大小较一致，比例适当，无脱档现象。同义词：匀齐；匀衬。

脱档：上下段茶多，中段茶少，三段茶比例不当。

匀净：匀整，不含梗朴及其他夹杂物。

挺直：光滑匀齐，不曲不弯。同义词：平直。

弯曲：不直，呈钩状或弓状。同义词：钩曲；耳环。

平伏：茶叶在盘中相互紧贴，无松起架空现象。

紧结：卷紧而结实。

紧直：卷紧而圆直。

紧实：松紧适中，身骨较重实。

干茶叶

紧压茶局部

肥壮：芽叶肥嫩身骨重。同义词：雄壮。

壮实：尚肥嫩，身骨较重实。

粗实：嫩度较差，形粗大而尚重实。

粗松：嫩度差，形状粗大而松散。

松条：卷紧度较差。同义词： 松泡。

松扁：不紧而呈平扁状。

扁块：结成扁圆形或不规则圆形带扁的块。

圆浑：条索圆而紧结。

圆直：条索圆浑而挺直。同义词：浑直。

扁条：条形扁，欠圆浑。

短钝：茶条折断，无锋苗。同义词：短秃。

短碎 ：面张条短，下段茶多，欠匀整。

松碎：条松而短碎。

下脚重：下段中最小的筛号茶过多。

爆点：干茶上的突起泡点。

破口：折、切断口痕迹显露。

（二）干茶色泽术语

油润：干茶色泽鲜活，光泽好。

枯暗：色泽枯燥，无光泽。

调匀：叶色均匀一致。

花杂：叶色不一，形状不一。此术语也适用于叶底。

各色茶品

（三）汤色术语

清澈：清净、透明、光亮、无沉淀物。

鲜艳：鲜明艳丽，清澈明亮。

鲜明：新鲜明亮。此术语也适用于叶底。

深：茶汤颜色深。

浅：茶汤色浅似水。

明亮：茶汤清净透明。

暗：不透亮。此术语也适用于叶底。

混浊：茶汤中有大量悬浮物，透明度差。

沉淀物：茶汤中沉于碗底的物质。

（四）香气术语

高香：茶香高而持久。

纯正：茶香不高不低，纯净正常。

平正：较低，但无异杂气。

低：低微，但无粗气。

钝浊：滞钝不爽。

闷气：沉闷不爽。

粗气：粗老叶的气息。

青臭气：带有青草或青叶气息。

高火：微带烤黄的锅巴或焦糖香气。

老火：火气程度重于高火。

陈气：茶叶陈化的气息。

劣异气：烟、焦、酸、馊、霉等茶叶劣变或污染外来物质所产生的气息。使用时应指明属何种劣异气。

（五）滋味术语

回甘：回味较佳，略有甜感。

浓厚：茶汤味厚，刺激性强。

醇厚：爽适甘厚，有刺激性。

浓醇：浓爽适口，回味甘醇。刺激性比浓厚弱而比醇厚强。

醇正：清爽正常，略带甜。

醇和：醇而平和，带甜。刺激性比醇正弱而比平和强。

平和：茶味正常、刺激性弱。

淡薄：入口稍有茶味，以后就淡而无味。同义词：和淡；清淡；平淡。

涩：茶汤入口后，有麻嘴厚舌的感觉。

粗：粗糙滞钝。

青涩：涩而带有生青味。

苦：入口即有苦味，后味更苦。

熟味：茶汤入口不爽，带有蒸熟或闷熟味。

高火味：高火气的茶叶，在尝味时也有火气味。

老火味：近似带焦的味感。

陈味：陈变的滋味。

劣异味：烟、焦、酸、馊、霉等茶叶劣变或污染外来物质所产生的味感。

茶叶店

使用时应指明属何种劣异味。

（六）叶底术语

细嫩：芽头多，叶子细小嫩软。

柔嫩：嫩而柔软。

柔软：手按如绵，按后伏贴盘底。

匀：老嫩、大小、厚薄、整碎或色泽等均匀一致。

杂：老嫩、大小、厚薄、整碎或色泽等不一致。

嫩匀：芽叶匀齐一致，嫩而柔软。

肥厚：芽头肥壮，叶肉肥厚，叶脉不露。

开展：叶张展开，叶质柔软。同义词：舒展。

摊张：老叶摊开。

粗老：叶质粗梗，叶脉显露。

皱缩：叶质老，叶面卷缩起皱纹。

瘦薄：芽头瘦小，叶张单薄少肉。

精品茶

薄硬：叶质老瘦薄较硬。

破碎：断碎、破碎叶片多。

鲜亮：鲜艳明亮。

暗杂：叶色暗沉、老嫩不一。

硬杂：叶质粗老、坚硬、多梗、色泽驳杂。

焦斑：叶张边缘、叶面或叶背有局部黑色或黄色烧伤斑痕。

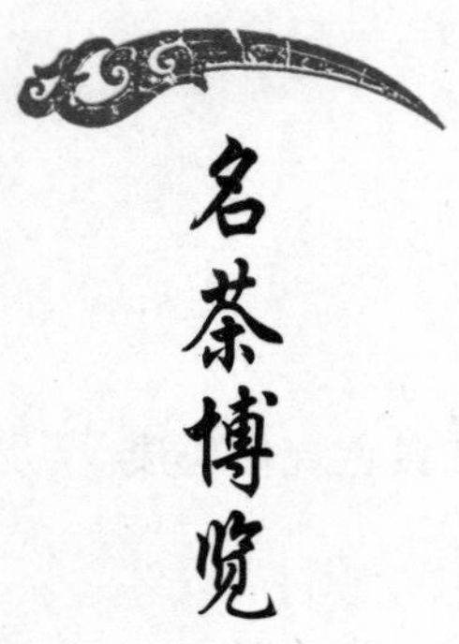

第四节 名茶博览

一、西湖龙井

西湖龙井茶，产于浙江省杭州市西湖山区的狮峰、龙井、云栖、虎跑、梅家坞，故有“狮、龙、云、虎、梅”五品之说，并以“色绿、香郁、味甘、形美”四绝著称。龙井，既是地名又是泉名和茶名。因此西湖龙井茶，正是三名巧合，四绝俱佳。龙井茶品质特点为，色绿光润、形似碗钉、藏锋不露、味爽鲜醇，采摘十分细致，要求苛刻。在产品中因为产地的分别，品质风格略有不同。龙井茶极品，产量很少，异常珍贵，常见的龙井茶，历史上又分莲心、旗枪、雀舌等花色。

西湖龙井

二、洞庭碧螺春

碧螺春，产于江苏省吴县（现吴中区）太湖的洞庭山，以花香果味、芽叶细嫩、色泽碧绿、形纤卷曲、满披茸毛，为古今所赞美。碧螺春原称“吓煞人香”，清朝康熙皇帝以其称不雅，就按茶色碧绿，卷曲似螺，又采制于春分到谷雨时间，故命名为碧螺春。碧螺春生产季节性很强，春分开始采茶，到谷雨碧螺春采制结束，前后不到一个月的时间，极品碧螺春有“一嫩三鲜”之称。所谓一嫩是芽叶嫩，三鲜是色、香、味鲜。

碧螺春及其茶汤

三、太平猴魁

太平猴魁，产于安徽省太平县猴坑，位置属黄山山脉。境内海拔1000米，湖漾溪流，山清水秀，颐然成画。此地产制“尖茶”，尖茶中的极品“奎尖”，以品质优异获得赞赏，后来加以改进提高，并冠上地名，称为“猴魁”。猴坑遍生兰花草，花香逸熏，对茶叶品质形成有利的影响，因此太平猴魁味厚鲜醇、回甘留味，冲泡时杯中芽叶成朵，生浮沉降，与叶翠汤明相映成趣，并有兰花香为特质。猴魁的外形，叶里顶芽，有“两刀夹一枪”“二叶抱一芽”“尖茶两头尖，不散不翘不弓弯”之称。

太平猴魁

四、黄山毛峰

黄山毛峰

黄山毛峰，产于安徽省著名风景名胜地黄山。黄山素以奇松、怪石、云海、温泉著称，号称黄山“四绝”。其茶园分布在海拔 1000 米左右的挺拔、壮观如画的山间。山区气候温和，年均温 14℃ ~ 17℃，年降水量在 2000mm 以上。除奇松、怪石、云海、温泉之外，还有另一绝，那就是清香冷韵的黄山毛峰。黄山毛峰以香清高、味鲜醇、芽叶细嫩多毫、色泽黄绿光润、汤色明澈为特质。冲泡细嫩的毛峰茶，芽叶竖直悬浮汤中，然后徐徐下沉，芽挺叶嫩、黄绿鲜艳，且黄山毛峰耐冲泡，冲泡五六次，香味犹存。

五、六安瓜片

六安瓜片

六安瓜片，产于安徽省六安地区的金寨县，品质以斋云山蝙蝠洞所产最优，故又称“斋云瓜片”。依产地不同分为内山、外山，内山是指斋云山的黄石、里冲等地，内山所产的品质优于外山。六安瓜片茶是由柔软的单叶片制成，茶味鲜爽回甘，汤色青绿明澈。采摘鲜叶制作瓜片茶须待顶芽开展，若采摘带顶芽的，采后要将芽叶摘散，称作“扳片”，分别制作，凡是以顶芽制成者称“攀针”或“银针”；以第一叶制造的成品称“瓜片”或“提片”；以第二、第三叶制成的称为“梅片”；而以嫩茎制成的为副茶，称为“针把子”。

六、君山银针

君山银针，产于湖南省岳阳市洞庭湖中秀丽的君山岛上。君山银针香气清高、味醇甘爽、汤黄澄亮、芽壮多毫、条直匀齐，着淡黄色茸毫。该茶采茶季节性强，采摘十分细致。早在清朝，君山茶就有“尖茶”和“兜茶”之分。采回的芽叶，要经过拣尖，把芽头和幼叶分开。芽头如箭，白毛茸然，称为尖茶。此种茶叶焙制成的茶，作为贡品，则称为贡尖。拣尖后，剩下的幼嫩叶片，叫作兜茶，制成干茶称为贡兜，不作贡品。

七、安溪铁观音

铁观音，产于福建省安溪县。安溪县境内多山，自然环境适合茶树生长，优良茶树品种较多，而以铁观音种作原料制作的乌龙茶独具特色，是中国乌龙茶的极品，又称安溪铁观音，素富盛誉，驰名中外，特别是在闽南、粤东和港澳地区，以及东南亚各国的华侨社会，享有极高的声誉。铁观音香气高郁持久，味醇韵厚爽口，齿颊留香回甘，具有独特的香味风韵，评茶术语称为“观音韵”，简称“音韵”。其茶叶质厚坚实，有“沉重似铁”之喻。铁观音由于香郁味厚，故耐冲泡，因此有“青蒂、绿腹、红娘边、三节色、冲泡七道有余香”之称。

八、凤凰水仙

凤凰水仙，产于广东省潮安县（现潮州市潮安区）凤凰山。其山海拔在1100米以上，属海洋性气候，年均温17℃，年降水量2000mm，土质为黄土壤，是茶树良好的生长环境。凤凰水仙因为选用原料优次，制造工艺精细程度不同，按成品品质，依次分

凤凰水仙

为凤凰单丛、凤凰浪菜、凤凰水仙三个品种。凤凰水仙味醇厚回甘，芳香浓烈持久，汤澄黄明澈，叶呈“绿叶红镶边”，外形壮挺，色泽金褐光润，泛朱砂红点。以小壶泡饮浓香扑鼻。

九、祁门红茶

祁门红茶，产于安徽省祁门县，产地历口、闪里两地为大宗。祁门红茶属于工夫红茶，主要以优良品种槠叶种的芽叶制成，约占 70%；其次为柳叶种，约占 17%。祁门红茶香气特高，汤红而味厚。其外形细紧纤长，完整匀齐，有锋毫，色泽乌润匀一，净度良好。红遍全球的红茶中，祁门红茶独树一帜，百年不衰，以高香形秀著称，博得国际市场的称赞，被奉为茶中佼佼者。祁门红茶和印度大吉岭红茶、斯里兰卡乌伐的季节茶，并列为世界公认的三大高香茶，而祁门红茶的地域性香气被称为“祁门香”，祁门红茶又被誉为“王子茶”“茶中英豪”“群芳最”。祁门红茶在 1915 年曾在巴拿马国际博览会上荣获金牌奖章，创制 100 多年来，一直保持着优异的品质风格。

祁门红茶

十、信阳毛尖

信阳毛尖，产于河南省信阳地区。“五山两潭”为主要产地，即车云山、震雷山、云雾山、天云山、集云山和黑龙潭、白龙潭。这些地区属于大别山区，海拔 800 米以上，溪流纵横，云雾多，为生长独特风格的茶叶提供了天然条件。信阳毛尖外形细、圆、紧、直、多白毫，内直清香、汤绿味浓、芽叶嫩匀、

信阳毛尖

色绿光润。采摘是制作好毛尖的第一关，以一芽一叶初展为特级；一芽二叶为一级；一芽二、三叶为二到三级。毛尖的炒制操作法，兼收并蓄了瓜片茶与龙井茶的部分操作方法，其杀青使用炒帚，为瓜片茶炒法的演变；其炒条使用理条手法，为龙井茶炒法的演变。

茶

十一、白毫银针

白毫银针，属于白茶类，即微发酵茶，是中国福建的特产，被称作“白茶极品”。过去因为只能用春天茶树新生的嫩芽来制作，产量很少，所以相当珍贵。现代生产的白茶，是选用茸毛较多的茶树品种，通过特殊的制茶工艺而制成的。

茶青

白毫银针的采摘十分细致，要求极其严格，有“十不采”的规定，即雨天不采，露水未干时不采，细瘦芽不采，紫色芽头不采，风伤芽不采，人为损伤不采，虫伤芽不采，开心芽不采，空心芽不采，病态芽不采。

白毫银针

白毫银针由于鲜叶原料全部是

白毫茶及茶汤

茶芽，制成后，形状似针，白毫密被，色白如银，因此命名为“白毫银针”。其针状成品茶，长约一寸，整个茶芽为白毫覆被，银装素裹，熠熠闪光，令人赏心悦目。冲泡后，香味怡人，饮用后口感甘香，滋味醇和。杯中的景观也使人情趣横生，茶在杯中冲泡，即出现“白云疑光闪，满盏浮花乳”之景，芽芽挺立，蔚为奇观。

十二、武夷岩茶

武夷山素有“奇秀甲于东南”之誉，自古以来，就是游览胜地。“武夷不独以山水之奇而奇，更以茶产之奇而奇。”即武夷山之所以蜚声中外，不仅仅由于它的风景秀丽，还在于它盛产武夷岩茶。从唐朝生产蒸青团茶起，至明末罢贡茶之后，武夷山茶叶生产有了更大的发展，积历代制茶经验的精髓，创制了武夷岩茶。因产茶地点不同分别有：正岩茶、半岩茶、洲茶。正岩茶指武夷岩中心地带所产的茶叶，其品质香高味醇厚，岩韵特显；半岩茶指武夷岩边缘地带所产的茶叶，其岩韵略逊于正岩茶；洲茶泛指崇溪、九曲溪、黄柏溪溪边靠武夷岩两岸所产的茶叶，品质又低一筹。

武夷岩茶

武夷岩茶制作方法独特，工艺精巧，兼有红、绿茶制作原理的精华。在制作过程中，既精选适制的茶树品种，严格采摘标准，又运用精湛细致的焙制技术。武夷岩茶焙制的工序为：萎凋、做青、杀青、揉捻、烘焙。岩茶的做青、摇青与做手交替进行。将晒青后的茶青置于水筛或摇青机中，不断回旋和翻动，使叶缘摩擦，摇青次数从少到多，力量从轻到重，间歇时间从短到长，周而复始，反复 5 ~ 7 次，后期摇青不足辅以双手轻拍做手。全过程 8 ~ 12 小时。因茶树品种、气候、晒青程度等不同，做青次数、程度也不同，“轻萎凋重摇”“重萎凋轻摇”。武夷岩茶的烘焙特点是，高温水焙和文火慢烤，从而形成特有的火功。

武夷岩茶的泡饮，别具一格。“杯小如胡桃，壶小如香橼，每斟无一两，上口不忍遽咽，先嗅其香，再试其味，徐徐咀嚼而体贴之。”（《随园食单》）开汤第二泡后香才显露。茶汤的香气自口入，从咽喉经鼻孔呼出，连续三次，所谓“三口气”，即可鉴别武夷岩茶上品的香气。据说有上者“七泡有余香”。

武夷岩茶茶园

知识小百科

雍容华贵的“东方美人”——白毫乌龙茶

严格来说，在茶叶的分类上，只有白毫乌龙茶才算是真正的“乌龙茶”。白毫乌龙茶又名椪风茶、东方美人茶、香槟乌龙茶，可以说是全世界最贵的茶。它亦属部分发酵茶类当中发酵程度较重的一种。这种茶加工精细，最大的特征是：别的茶类做一斤（500克）只需一千至二千个茶芽即可制成，而白毫乌龙茶却需三千至四千个茶芽才能制成，几乎全部由鲜嫩的心芽制成。白毫乌龙茶只限产于夏季，限产于中国台湾新竹县北埔、峨眉及苗栗县头份等地，限用青心品种，手采茶青，且唯有经小绿叶蝉感染者才能制成较佳品质的白毫乌龙茶。以上诸多条件限制，使得白毫乌龙茶不但极其名贵稀少，更成为名茶中之名茶，特产中之特产。

伦敦肯辛顿维多利亚博物馆馆藏　喝茶图

白毫乌龙茶的品质特征，由于它是半发酵茶类当中发酵程度较重的一种茶类，所以它不会像其他半发酵茶那样容易带有一种令人不快的“生青臭”或“臭青味”，因加工过程中必须采取较低温炒青和干燥处理，所以不会像冻顶乌龙茶带有显著的焙火韵味。又由于全部都是采幼嫩芽叶制成，白毫乌龙茶亦含丰富之氨基酸，所以茶汤具有明显的甘甜爽口之滋味，再者由于采用重发酵处理，儿茶素几乎一半以上被氧化，所以不苦不涩。白毫乌龙茶典型的品质特征是香气带有明显的天然熟果香，滋味具蜂蜜般的甘甜后韵，外观艳丽多彩具明显的红、白、黄、褐、绿五色相间，形状自然卷缩宛如花朵，泡出来的茶汤呈鲜艳的琥珀色。它的品质特点比较趋近于红茶，而介于冻顶乌龙茶及红茶间。由于它的加工比较成熟（发酵较重），较文山包种茶和冻顶乌龙茶发酵更重，同时其香味成分大部分是由发酵后生成，风味更趋近于成熟的韵味。早期白毫乌龙茶外销至英国时，英国女王维多利亚品尝后；赞不绝口，而特地命名为“东方美人茶”。

第三章 茶具简说

茶具

精致的器具可使事物增色，茶之具也不例外。茶具对茶汤的影响，主要在两个方面：一是表现在茶具颜色对茶汤色泽的衬托。陆羽《茶经》中推崇青瓷，“青则益茶”，即青瓷茶具可使茶汤呈绿色（当时茶色偏红）。随着制茶工艺和茶树种植技术的发展，茶的原色在变化，茶具的颜色也随之而变。二是茶具的材料对茶汤滋味和香气的影响，材料除要求坚而耐用外，至少要不损茶质。

中国茶具，种类繁多，造型优美，兼具实用和鉴赏价值，为历代饮茶爱好者所青睐。茶具的使用、保养、鉴赏和收藏，已成为专门的学问，世代不衰。

第一节 茶具发展

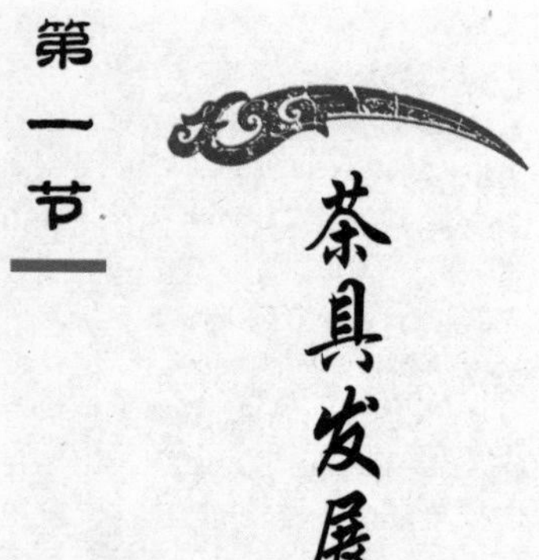

茶具，古今定义并非相同。古代茶具，泛指制茶、饮茶使用的各种工具，包括采茶、制茶、储茶、饮茶等几个大类。现在所指专门与泡茶有关的器具，古时叫茶器，直到宋朝以后，茶具与茶器才逐渐合一，目前，则主要指饮茶器具。《茶经》中详列了与泡茶有关的用具8大类28种，对茶具总的要求是实用性与艺术性并重，力求有益于茶的汤质，又力求古雅美观。

一、古代茶具的概念及其种类

茶具，古代亦称茶器或茗器。“茶具”一词最早在汉代已出现。西汉辞赋家王褒《僮约》有“烹荼（茶）尽具，餔已盖藏”之说，这是我国最早提到“茶具”的一条史料。到唐朝，“茶具”一词在唐诗里随处可见，如唐朝文学家皮日休《褚家林亭诗》便有“萧疏桂影移茶具”之语。宋、元、明几个朝代，“茶具”一词在各种书籍中都可以看到。

古代“茶具”的概念似乎指很大的范围。按唐文学家皮日休《茶具十咏》中所列出的茶具种类，有“茶坞、茶人、茶荀、茶籝、茶舍、茶灶、茶焙、茶鼎、茶瓯、煮茶”。其中“茶坞”是指种茶的凹地，“茶人”指采茶者，

古代茶具

“茶籝”是箱笼一类器具，“茶舍”多指茶人居住的小茅屋，唐以来煮茶的炉通称“茶灶”，古时把烘茶叶的器具叫“茶焙”。

除了上述茶具外，在各种古籍中还可以见到的茶具有：茶鼎、茶瓯、茶磨、茶碾、茶臼、茶柜、茶榨、茶槽、茶筅、茶笼、茶筐、茶板、茶挟、茶罗、茶囊、茶瓢、茶匙等。据《云溪友议》说：“陆羽造茶具二十四事。”如果按照唐朝文学《茶具十咏》和《云溪友议》之言，古代茶具至少有 24 种。

二、中世纪后期煮茶茶具的改进

在唐朝以前的饮茶方法，是先将茶叶碾成细末，加上油膏、米粉等，制成茶团或茶饼，饮时捣碎，放上调料煎煮。时至唐朝，随着饮茶文化的蓬勃发展，蒸焙、煎煮等技术更加成熟起来。茶饼、茶串必须要用煮茶茶具煎煮后才能饮用。这无疑促进了茶具的发展，而进入一个新型茶具的时代。

从中世纪后期来看，宋、元、明三代，煮茶器具是使用一种铜制的“茶炉”。元代著名的茶炉有“姜铸茶炉”，《遵生八笺》说：“元时，杭城有姜娘子和平江的王吉二家铸法，名擅当时。”这二家铸法主要精于炉面的脱蜡，使

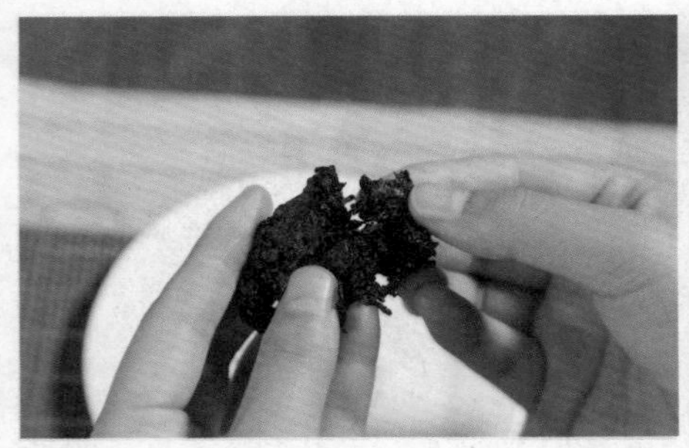

取茶

之光滑美观，又在茶炉上镂有细巧如锦的花纹。由此可见，元代茶炉非常精致。时至明朝，社会也普遍使用“铜茶炉”，而特点是在做工上讲究雕刻技艺。明朝茶炉多重仿古，雕刻技艺十分突出。

除了煮茶用茶炉，还有专门煮水用的“汤瓶”，当时俗称“茶吹”或“铫子”。最早我国古人多用鼎和镬煮水。《淮南子·说山训》载：“尝一脔肉，知一镬之味。”高诱注：“有足曰鼎，无足曰镬。”从史料记载来看，到中世纪后期，用鼎、镬煮水的古老方法才逐渐被“汤瓶”取而代之。明朝汤瓶的样式品种也多起来，按照金属种类分为锡瓶、铅瓶、铜瓶等。当时茶瓶的形状多是竹筒形。《长物志》的作者文震亨说，这种竹筒状汤瓶的好处在于“既不漏火，又便于点注（泡茶）”。可见汤瓶既可煮水又可用于泡茶。

三、唐宋以来饮茶茶具的改进、发展

古代饮茶茶具主要指盛茶、泡茶、喝茶所用器具，这一概念与如今所说的茶具基本相同。唐宋以来的饮茶茶具在用料上主要是陶瓷，金属类饮茶茶具是少见的。因为金属茶具泡茶，茶之色味远不如陶瓷茶具，所以是不能登上所谓茶道雅桌的。唐宋以来主要变化较大的饮茶茶具有：茶壶、茶盏（杯）和茶碗。而这几种茶具与饮茶文化的兴起有直接关系。

传统茶具

（一）茶壶

茶壶在唐朝以前就有了。唐朝人把茶壶称“注子”，其意是指从壶嘴里往外倾水。据《资暇录》记载：“元和初（公元 806 年，唐宪宗时）酌酒犹用樽杓……注子，其形若罂，而盖、嘴、柄皆具。”罂是一种小口大肚的瓶子，唐朝的茶壶类似瓶状，腹部大，便于装更多的水，口小利于泡茶注水。约到唐朝末期，世人不喜欢“注子”这个名称，甚至将茶壶柄去掉，整个样子形如“茗瓶”，因没有提柄，所以又叫作“偏提”。后人把泡茶叫“点注”，就是根据唐朝茶壶有“注子”一名而来。明朝茶道艺术越来越精，对泡茶、观茶色、酌盏、烫壶更有讲究，要达到这样高的要求，茶具也必然要改革创新。明朝在茶壶上开始看重砂壶，就是一种新的茶艺追求。因为砂壶泡茶不吸茶香，茶色不损，所以砂壶被视为佳品。据《长物志》记载：“茶壶以砂者为上，盖既不夺香，又无热汤气。”

古代茶盏

（二）茶盏、茶碗

古代饮茶茶具主要有“茶椀”（碗）、“茶盏”等陶瓷制品。茶盏在唐以前已有，《博雅》说：“盏杯子。”宋时开始有“茶杯”之名。陆游诗云：“藤杖有时缘石磴，风炉随处置茶杯。”现代人多称茶杯或茶盏。茶盏是古代一种饮茶用的小杯子，是“茶道”文化中必不可少的器具之一。

宋朝茶盏非常讲究陶瓷的成色，尤其追求“盏”的质地、纹路细腻和厚薄均匀。《长物志》中记录有明朝皇帝的御用茶盏，可以说是我国古代茶盏工艺最完美的代表作。《长物志》说：“明宣宗（朱瞻基）喜用三足茶盏，料精式雅，质厚难冷，洁白如玉，可试茶色，盏中第一。”三足茶盏世属罕见。明宣宗的茶盏形状实在怪异，可见明朝陶艺人思维活跃，有所创新。

碗，古称“椀”或“盌”。在唐宋时期，用于盛茶的碗，叫“茶椀”（碗），茶碗比吃饭用的更小，这种茶具的用途在唐宋诗词中有许多反映。诸如唐白居易《闲眠诗》云：“尽日一餐茶两碗，更无所要到明朝。”诗人一餐喝两碗茶，可知古时茶碗不会很大，也不会太小。韩愈《孟郊会合联句》说：“云纭寂寂听，茗盌纤纤捧。”“纤纤”多形容细，因此唐朝茶碗确实不大是可以肯定的，而且也非圆形。依上述不难看出，茶碗也是唐朝一种常用的茶具，茶碗当比茶盏稍大，但又不同于如今的饭碗，当是一种“纤纤状”如古代酒盏形。

唐宋以来，陶瓷茶具明显取代过去的金属、玉制茶具，这还与唐宋陶瓷工艺生产的发展状况直接有关。唐朝的瓷器制品已达到圆滑轻薄的地步，唐皮日休说道：“邢客与越人，皆能造瓷器。圆似月魂堕，轻如云魄起。”当时的“越人”多指浙江东部地区土著居民，越人造的瓷器形如圆月，轻如浮云，因此还有“金陵碗，越瓷器”的美誉。宋朝的制瓷工艺技术更是独具风格，大观年间朝廷贡瓷要求“端正合制，莹无瑕疵，色泽如一”。

南京博物院馆藏紫砂壶

宋朝廷命汝州造“青窑器”，其器用玛瑙细末为釉，更是色泽洁莹。汝窑被视为宋朝瓷窑之魁，史料说当时的茶盏、茶罂（茶瓶）价格昂贵到了“鬻（卖）诸富室，价与金玉等（同）”。一言蔽之，唐宋陶瓷工艺的兴起是唐宋茶具改进与发展的根本原因。

知识小百科

茶室四宝

所谓的“茶室四宝”，即玉书（石畏）、潮汕炉、孟臣罐、若琛瓯，缺一不可。

玉书（石畏）即烧开水的壶。为赭色薄瓷扁形壶，容水量约为 250 毫升。水沸时，盖子“卜卜”作声，如唤人泡茶。现代已经很少再用此壶，

清朝·喻兰《仕女清娱图册—品茗》

一般的茶艺馆，多用宜兴出的稍大一些的紫砂壶，多做南瓜形或东坡提梁形。

潮汕炉是烧开水用的火炉。小巧玲珑，可以调节风量，掌握火力大小，以木炭作燃料。此炉在现代亦使用较少。

孟臣罐即泡茶的茶壶。为宜兴紫砂壶，以小为贵。孟臣即明末清初时的制壶大师惠孟臣，其制作的小壶非常闻名。壶的大小，因人数多少而异，一般是300毫升以下容量的小壶。

若琛瓯即品茶杯。为白瓷翻口小杯，杯小而浅，容水量10～20毫升。现在常用的饮杯（区别于闻香杯），有两种：一种是白瓷杯，另一种是紫砂杯，内壁贴白瓷。

第二节 茶具工艺

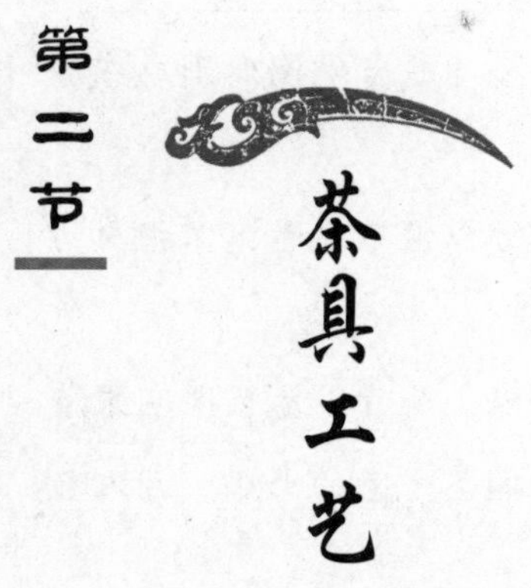

我国的茶具，种类繁多，造型优美，既有实用价值，又富艺术之美。所以，为历代饮茶爱好者所青睐。在中国饮茶的发展史上，作为饮茶用的专用工具，其工艺必然也有一个发展和变化的过程。

一、陶器茶具

陶器茶具中的佼佼者，首推宜兴紫砂茶具，它早在北宋初期就已崛起，成为别树一帜的茶具。紫砂壶和一般的陶器不同，其里外都不敷釉，采用当地的紫泥、红泥焙烧而成。由于成陶火温高，烧结密致，胎质细腻，还能汲附茶汁，蕴蓄茶味；且传热不快，不致烫手；若热天盛茶，也不会破裂；若有必要，甚至还可直接放在炉灶上煨炖。紫砂茶具还具有色调淳朴古雅的特点，外形有似竹节、莲藕、松段和仿商周古铜器形状的。

二、瓷器茶具

我国茶具最早以陶器为主。瓷器发明之后，陶质茶具就逐渐为瓷器茶具所代替，分为白瓷茶具、青瓷茶具和黑瓷茶具等。白瓷茶具：白瓷以景德镇的瓷器最为著名，其他如湖南的、河北唐山的也各具特色。景德镇原

白瓷茶具

名昌南镇，北宋景德三年（1004 年），真宗赵恒下旨建办御窑，并把昌南镇改名为景德镇。到元代，景德镇的青花瓷闻名于世。青瓷茶具：青瓷茶具晋代开始发展，那时青瓷的主要产地在浙江。宋朝时五大名窑之一的浙江龙泉哥窑达到了鼎盛时期，其瓷器包括茶壶、茶碗、茶杯、茶盘等，当时瓯江两岸盛况空前，群窑林立，舟船往返如梭，一派繁荣景象。黑瓷茶具：宋朝福建斗茶之风盛行，斗茶者根据经验认为建安所产的黑瓷最为适宜，因而驰名。宋蔡襄《茶录》说："茶色白，宜黑盏，建安所造者绀其坯微厚之久热难冷，最为要用。出他处者，或薄或色紫，皆不及也。其自不用。"这种黑瓷茶盏，风格独特，古朴雅致，而且瓷质厚重，保温性能好，最为茶行家所珍爱。

建盏

青花瓷茶具

三、漆器茶具

漆器茶具始于清朝，主要产于福建一带。福州生产的漆器茶具多姿多彩，主要有“金丝玛瑙”“釉变金丝”“雕填”“高雅”“白银”等品种，添加宝石的“赤金砂”和“暗花”等新工艺以后，更加鲜丽夺目，逗人喜爱。

四、玻璃茶具

在现代，玻璃器皿有较大的发展。玻璃质地透明，光泽夺目，外形可塑性大，应用广泛。玻璃杯泡茶，茶汤的鲜艳色泽、茶叶的细腻柔软、茶叶在整个冲泡过程中叶片的逐渐舒展等，可以一览无余，可以说是一种动态的艺术欣赏过程。冲泡晶莹剔透，杯中轻雾缥缈，澄清碧绿，芽叶朵朵，亭亭玉立，观之赏心悦目，玻璃杯价廉物美，深受广大消费者的欢迎。但玻璃茶具的缺点是容易破碎。

玻璃茶具

玻璃茶具

玻璃茶具

五、金属茶具

用金、银、铜、锡等制作的茶具，尤其是锡作为茶器材料有较大的优点：比较密封，因此对防潮、防氧化、防光、防异味都有好处。唐朝时皇宫饮用顾渚茶，取金沙泉，便以银瓶盛水，直送长安。因其价贵，一般老百姓无法使用。

六、竹木茶具

在历史上，广大农村，包括产茶区，很多百姓使用竹或木碗泡茶，它价廉物美，如今已经很少使用。至于用木罐、竹罐装茶，则仍然随处可见，特别是作为艺术品的竹片茶罐，既是一种馈赠亲友的珍品，也有一定的实用价值。

中国历史上还有用玉石、水晶、玛瑙等材料制作的茶具，因为这些器具制作困难，价格高昂，并无多大实用价值，所以并未普及。

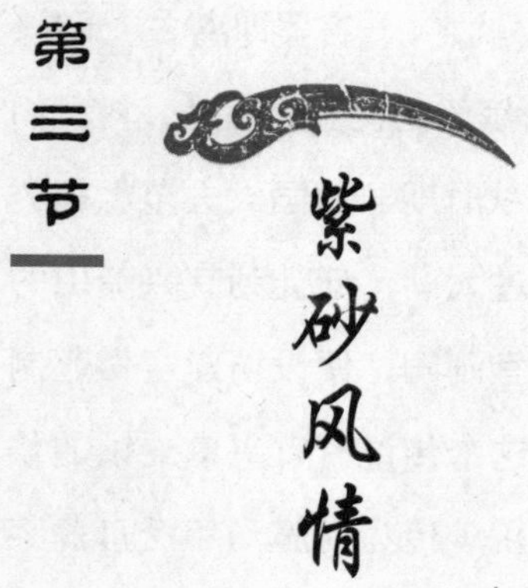

第三节 紫砂风情

紫砂茶壶是一种陶器，不是瓷器，紫砂茶壶是素有“陶都”之称的江苏宜兴（古称阳羡）的特产。紫砂壶以其独特的实用功能和卓绝的工艺水平，赢得了“世间茶具称为首”的美誉，为历代品茗爱好者所推崇，自古赞语甚多。苏轼曾经谪居宜兴，尤爱用紫砂壶泡茶，并有词句：“铜腥铁涩不宜泉，爱此苍然深且宽。”据传他设计了一种“提梁式紫砂壶”，被称为“东坡壶”。

关于紫砂陶器，民间有许多传说。古时候，某日有一异僧路过宜兴的山村，连呼“卖富贵土”，数日不已。村民以为痴人，不予理睬。后异僧引几位好

紫砂壶

事的村民到山脚的洞穴边说："富贵在此中，可自就之。"言罢即离去。于是，半信半疑的村民在洞中掘之，果然挖出大量五彩缤纷的泥土。后来，村民们便以这些泥土烧制成紫砂陶器行销中外。又传春秋时期，越国大夫范蠡辅佐越王勾践打败吴国后，谢绝封赏，偕西施乘舟过太湖，迁徙到宜兴鼎山的山村隐居，后见当地泥土斑斓，富于黏性，适宜制陶，便设坊建窑做起制陶的营生，故后人有称范蠡为"陶朱公"的。这个传说有宜兴鼎蜀镇的蠡墅（相传范蠡当年隐居的村子）、蠡河和施荡桥（传为西施当年泛舟荡桨之处）为证，且有晋宋紫砂陶精品可考，似乎较为可信。以此算来，紫砂壶应该有两千多年的历史了。

据史料记载，明朝宜兴有一位名叫供春的陶工是使宜兴砂壶享誉的第一人。《阳羡名陶录》记载："供春，吴颐山家僮也。"吴颐山是一位读书人，在金沙寺中读书，供春在家事之余，偷偷模仿寺中老僧用陶土抟坯，制作砂壶。结果做出的砂壶盛茶香气很浓，热度保持更久，传闻出去，世人纷纷效仿，社会出现争购"供春砂壶"的现象。供春真姓"龚"，所以也写成"龚春"砂壶。此后又有一个名叫时大彬的宜兴陶工，用陶土，或用染颜色的硇砂土制作砂壶。开始，时大彬模仿"供春"砂壶，壶形比"供春"

紫砂壶

砂壶更大，一次时大彬到江苏太仓做生意，偶在茶馆中听到“诸公品茶施茶之论”，顿生感悟，回到宜兴后始作小壶。其壶“不务妍媚，而朴雅坚栗，妙不可思……前后诸名家，并不能及”。《画舫录》说：“大彬之壶，以柄上拇痕为识。”是说世人以壶柄上印有时大彬拇指印者为贵。从此宜兴砂壶名声远布。流传至今，还是人见人爱的精致茶具。

知识小百科

邵大亨砸壶

清朝茶壶制作大师邵大亨，为人慷慨豪爽。他所做的茶壶，意气相投者，免费赠送，语不投机者千金难求。

苏州某巡抚绞尽脑汁觅得一壶，十分珍惜。一年中秋，坐船出城赏月，一名侍女端盘献茶，不想船身摇动，侍女站立不住，把“大亨”壶摔得粉碎。巡抚大怒，把侍女吊起来，重重鞭笞。这时，正好邵大亨也和朋友泊船在近处赏月，闻得缘由，就叫巡抚过船来看壶。巡抚过来一看，见16把大亨壶罗列桌上，件件精品。邵大亨力劝巡抚宽恕侍女，并许诺其从16把壶中挑选一件。巡抚从其言。巡抚一走，邵大亨便把余下的15把壶统统砸碎，悻悻地说：“为了我的壶，竟有人玩物丧‘命’，再不做壶了。”

紫砂陶的原料叫作紫砂泥，当地人称为“富贵土”。紫砂泥分朱砂泥、紫泥和团山泥三种，烧制时温度稍有高低，产品就会呈现出紫铜、葵黄、墨绿、铁青、棕黑、朱砂黄、海棠红等各种颜色。紫砂茶壶因其表里不施釉彩，透气性佳，故以紫砂壶泡茶不仅色、香、味俱佳，而且三伏天隔夜不馊。更奇妙的是，嗜茶者往往执紫砂茶壶手抚怀抱，经长期摩挲的壶身越发光润古雅，泡出来的茶味也愈加馥郁纯正，甚至仅仅在空壶里注入沸水，也会散发

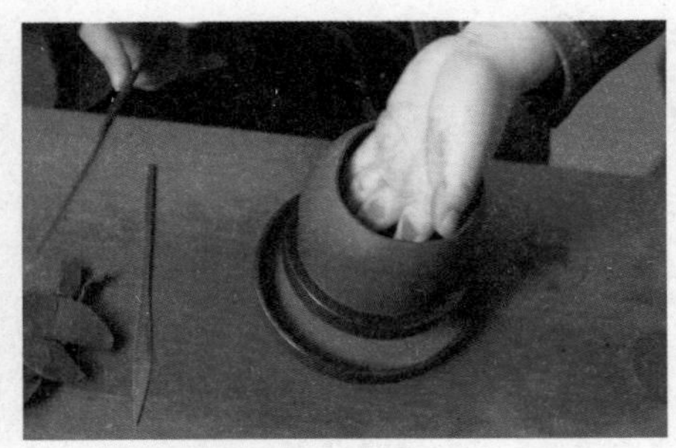
紫砂壶制作

紫砂壶茶具

出淡淡的茶香。有些老茶客就是喜欢壶中的茶垢之味，新壶还要在茶水中煮上许久让它充分“入味”。用紫砂茶壶泡红茶，茶色深酽而味浓醇；若沏绿茶，则茶色碧翠而味清纯。因为紫砂壶表面不施釉，材质具有细微的透气性和吸附力，茶香容易被壶体吸收，所以同一把紫砂壶一般不宜冲泡不同种类的茶，以免串味破坏了茶汤的纯正。

紫砂壶的造型千姿百态。大体上可以分自然物体造型、几何形态造型和筋纹器形造型三大类。自然物体造型取材于自然界中瓜果花木、虫鱼鸟兽等物体形象，集自然之形和艺术之魂于一体，如常见的竹节壶、梅花壶、劲松壶、三友壶、松鼠葡萄壶等。几何形态造型是从圆形、方形、六角形等基本形态演变而成的，线条简单、秀丽，富有古朴典雅的艺术魅力，如汉云壶、集玉壶、掇球壶、井栏壶等都是驰名中外的名壶。筋纹器形造型，讲究上下、左右对称，用立体线条把壶体分成若干部分，给人以简洁、清逸、含蓄的美感。紫砂壶装饰独特，制作工匠往往以刀做笔，在壶身上雕刻花鸟、山水、金石、书法，使茶壶成为集文学、书画、雕塑、金石、造型诸艺于一体的艺术品。

知识小百科

什么是“养壶”？

宜兴紫砂壶由于胎质甚佳，且成型技法独到，所以只要泡养一段时日，便可自发黯然之光，备受世人喜爱。这种透过茶水泡养，使壶表产生温润之感的过程，即一般俗称的“养壶”。当然，泡茶并非一定要“养壶”，在许多地区的饮茶习惯中，其实是甚少有此等闲适雅趣的。

“养壶”是茶事过程中的雅趣之举，其目的虽在于器，但真正的主角仍是人。“养壶即养性”，壶之为物，虽无情无感，但透过泡养摩挲的过程，茶壶以其器面的日渐温润来回报主人对它的恩泽，亦未尝不是一种人与器的情感互动。“养壶”之所以曰“养”，而不称“喂壶”“盘壶”“淋壶”，正是因其“怡情养性”的特质。

兹将较常见的养壶步骤简述如下：

先用沸水将壶身内外淋烫一下，如此既可净壶去霉，亦可暖壶醒味。若使用茶船，注意应将壶身略微垫高，使其圈足高过水面，以免壶身留下水线或不均匀的色泽。将第一泡的温润泡茶汤盛置茶海中备用，待冲第二泡时再用此茶汤浇淋壶身外表，如此反复施行至全程结束。由于紫砂壶身具较高的气孔率，遇热时，因热胀冷缩的关系，气孔相对扩大。此时可用棉质布巾趁机擦拭壶身，让茶油顺势渗入壶壁细孔中，日久便可累积出光泽。每泡茶冲至无味后，应将茶渣去净，用热水将壶内、壶外涮洗一次，置于干燥通风处，并将壶盖取下，以利风干。否则，因紫砂壶的口盖密合度较严谨，任其密封阴干，亦不卫生。有些壶友趁壶身高热时，以沾有茶汤的棉布茶巾上下擦拭壶身，由于此时器表温度甚高，湿巾所含茶汤一拭随即挥发，留下可使壶身润泽的茶油，如此便可提高养壶的成效。亦有人先冲出一泡较浓的茶汤当“墨汁”，再以软性毛笔或养壶毛刷蘸此茶汤，反复均匀涂布于壶身，借以提高其接触茶汤的时间与频率。种种妙法，均可一试。

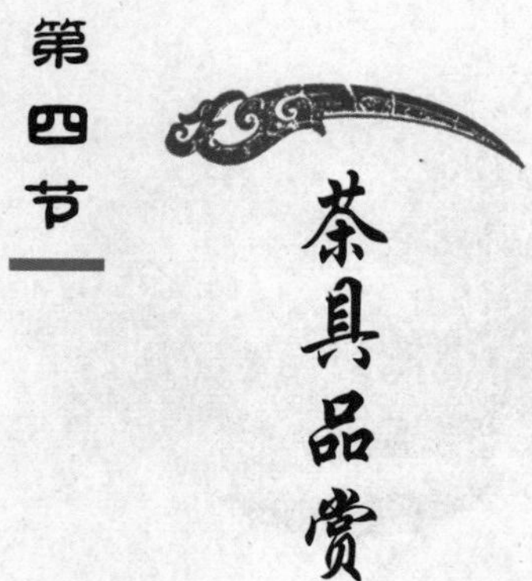

第四节 茶具品赏

一、古代茶具珍品（一）：法门寺出土唐朝茶具

唐朝高足金座茶具

储藏茶叶的鎏金银龟

唐朝茶具

唐朝越窑　秘色釉葵花式瓷碗

二、古代茶具珍品（二）：历代珍稀茶具

宋朝茶碗

宋朝景德镇窑　建盏托

北宋定窑　青釉无纹茶具

三、古代茶具珍品（三）：历代珍稀茶具

南朝五件套盏盘

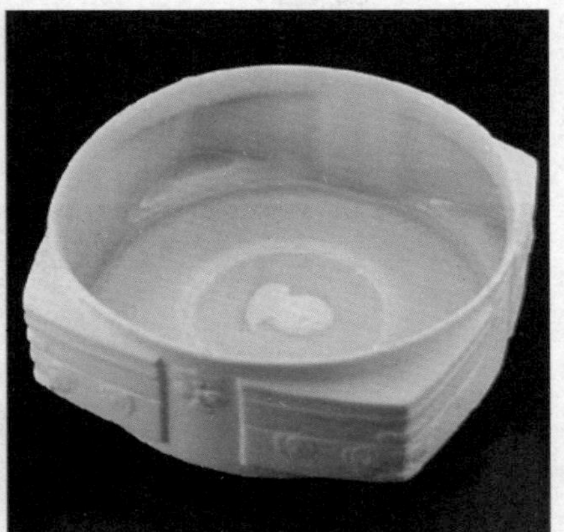

明朝白玉琮饕餮纹茶具

元朝景德镇窑　青花托盏

一品官瓷

元朝凤纹青花瓷茶具

四、古代茶具珍品（四）：历代珍稀茶具

明永乐景德镇窑　白釉僧帽壶

清乾隆御制　宜兴窑紫砂壶

清乾隆景德镇窑
冬青釉暗花描金茶叶末座盖碗

清白地红龙鸡钮
高足盖碗

清乾隆景德镇窑　绿釉菊瓣形盖碗

清雍正景德镇窑　斗彩蟠桃提梁壶

清朝宜兴窑　紫砂方壶

清朝德化窑　白釉执壶

清光绪　紫砂暖壶

五、精美茶具欣赏（一）

六、精美茶具欣赏（二）

七、精美茶具欣赏（三）

八、精美茶具欣赏（四）

第四章

茶道双馨

喝茶能静心、静神，有助于陶冶情操、去除杂念，这与提倡“清静、恬淡”的东方哲学思想很合拍，也符合佛、道、儒的“内省修行”思想。所以，在千年饮茶的过程中，人们逐渐将作为饮品的茶与精神修养结合在一起，外求艺而内自省，形成了“茶道”。

第一节

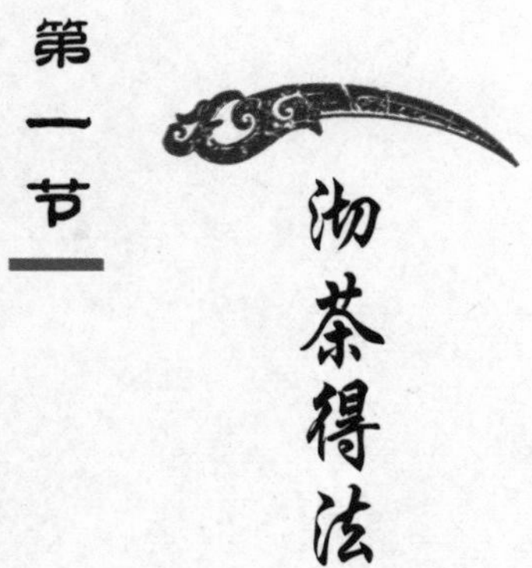

沏茶得法

饮茶成为一项“雅事”，在茶叶、茶具都精心讲求之后，要想获得最充足的品饮愉悦，就不能不在沏茶的过程和方法上下功夫。

一、沏茶的过程

沏茶（泡茶）的过程大致包含如下9个步骤。一是烫壶：在泡茶之前需用开水烫壶，一则可去除壶内异味；再则热壶有助挥发茶香。二是置茶：一般泡茶所用茶壶壶口皆较小，须先将茶叶装入茶荷内，此时可将茶荷递给客人，鉴赏茶叶外观，再用茶匙将茶荷内的茶

茶道

叶拨入壶中，茶量以壶之三分之一为度。三是温杯：烫壶之热水倒入茶盅内，再行温杯。四是高冲：冲泡茶叶须高提水壶，水自高点下注，使茶叶在壶内翻滚，散开，以更充分泡出茶味，俗称“高冲”。五是低泡：泡好之茶汤即可倒入茶盅，此时茶壶壶嘴与茶盅之距离，以低为佳，以免茶汤之香气无效散发，俗称“低泡”。一般第一泡茶汤与第二泡茶汤在茶盅内混合，效果更佳；第三泡茶汤与第四泡茶汤混合，以此类推。六是分茶：茶盅内之茶汤再行分入杯内，杯内之茶汤以七分满为度。七是敬茶：将茶杯连同杯托一并放置于客人面前，是为敬茶。八是闻香：

茶道

品茶之前，须先观其色，闻其香，方可品其味。九是品茶：“品”字三个口，一杯茶须分三口品尝，且在品茶之前，目光须注视泡茶师一至两秒，稍带微笑，以示感谢。

二、沏茶的科学

泡茶时茶叶放置量、浸泡时间与水温是决定茶汤浓度的三大要素。茶叶放得多，浸泡时要短；茶叶放得少，浸泡时间要长。这时如果水温高，浸泡时间宜短；水温低，浸泡时间要加长。

茶叶放置量要考虑茶叶的外形与粗细的程度。一般常见的茶叶外形，就泡茶角度而言，可分为下列三类：特密级、次密级、蓬松级。泡茶时，茶叶放置量最好适当，宁愿少也不要太多。一般来说，第二泡过后，茶叶就会膨胀到九成以上。所以，控制茶叶放置量，尽量不要泡到溢出来而需要将壶盖下压的状况。

时间控制要适当。第一道浸泡的时间最好能在一分钟以上，因为茶叶各种可溶于水的成分比较有机会释出，这样得到的茶汤比较能代表该种茶的品质。如果时间太短，如三四十秒，可能只有部分物质释出，较难反映该种茶的真面目。所以国际鉴定茶叶的标准杯泡法，浸泡时间多在 5 ~ 6 分钟，希望将茶叶的内质尽量释出。除了浸泡的时间，停泡的间隔时间也很重要。将茶汤倒出后，若相隔时间长（如 20 分钟以上），下一道浸泡的时间应斟量缩短，若属二、三道茶，可溶物释出量正旺，缩短的程度还要加大。例如，紧揉成球状的高级乌龙茶，若第一道浸泡一分钟即得所需浓度，放置 20 分钟后冲泡第二道，几乎无须等待，冲完水，盖上壶盖，就可以将茶汤倒出。前一道茶汤未完全倒干，留下来的茶汤也会影响下一道茶的浓度。

冲泡不同类型的茶需要不同的水温，泡茶水温与茶汤品质有直接关系，主要体现在以下几点。一是口感上，茶性表现的差异。绿茶如用太高温的水冲泡，茶汤鲜活的感觉会降低，白毫乌龙如用太高温的水冲泡，茶汤娇艳、阴柔的感觉会消失；铁观音、水仙如用太低温的水冲泡，香气不扬，阳刚的风格也表现不出来。二是可溶物释出率与释出速度的差异。水温高，释出率与速度都会增加，反之则减少。这个因素影响了茶汤浓度的控制，即在等量的茶、水比例下，水温高，达到所需浓度的时间短；水温低，达到所需浓度的时间长。另外，水温高，苦涩味会加强；水温低，苦涩味会减弱。所以苦涩味太强的茶可降低水温改善之，另外，浸泡的时间也要缩短。通常，低温（70℃～80℃）用以冲泡龙井、碧螺春等带嫩芽的绿茶类与黄茶类；中温（80℃～90℃）用以冲泡白毫乌龙等嫩采的乌龙茶，瓜片等采开面叶的绿茶，以及虽带嫩芽但重萎凋的白茶（如白毫银针）与红茶；高温（90℃～100℃）用以冲泡采开面叶为主的乌龙茶，如包种、冻顶、铁观音、水仙、武夷岩茶等，以及后发酵的普洱茶。

泡茶用水质量也是影响茶汤的重要因素。矿物质含量太多（硬度高），泡出的茶汤颜色偏暗、香气不显、口感清爽度降低，不适于泡茶。矿物质含量低（软水），容易将茶的特质表现出来，是适宜泡茶的用水。但完全没有矿物质的纯净水，口感清爽度不佳，也不利于茶叶内一些微量矿物质的溶解，所以也不是泡茶的好水。若水中含有消毒剂，会直接干扰茶汤的味道与品质，饮用前应使用活性炭将其滤掉，慢火煮开一段时间或高温不加盖放置一段时间也可以。水中空气含量高者，有利于茶香挥发，而且口感上的活性强。一般说“活水”适于泡茶，主要是因为活水的空气含量高，又说水不可煮老，是因为煮久了，空气含量会降低。杂质与含菌量越少越好，一般高密度滤水设备都可以将之滤除，后者还可以利用煮沸的方法将之消减。

茶道是以修行悟道为宗旨的饮茶艺术，是饮茶之道和饮茶修道的统一。道一般指宇宙法则、终极真理、事物运动的总体规律、万物的本质或本源。

具体来说有儒家之道、道家之道、佛教之道，各家之道不尽一致。中国古代文化主流是“儒道互补”，隋唐以后又趋于“三教合一”。一般的文人、士大夫往往兼修儒、道、佛，茶道中所修何道则因人而异。

知识小百科

工夫茶

所谓工夫茶，并非一种茶叶或茶类的名字，而是一种泡茶的技法。之所以叫工夫茶，是因为这种泡茶的方式极为讲究。操作起来需要一定的工夫，此工夫，乃为沏泡的学问，品饮的工夫。

品工夫茶是潮汕地区很出名的风俗之一。在潮汕本地，家家户户都有工夫茶茶具，每天必定要喝上几轮。即使乔居外地或移民海外的潮汕人，也仍然保存着品工夫茶这个风俗。可以说，有潮汕人的地方，便有工夫茶的影子。

工夫茶以浓度高著称，初喝似嫌其苦，习惯后则嫌其他茶不够滋味了。工夫茶采用的是乌龙茶，如铁观音、水仙和凤凰茶。乌龙茶介于红茶、绿茶之间，为半发酵茶，只有这类茶才能冲出工夫茶所要求的色、香、味。

工夫茶的茶具，包括炉子，是红泥小炭炉，一般高一尺二寸，茶锅为细白泥所制，锅高二寸，底有碗口般大，单把长近三寸，冲罐（茶壶）如红柿般大，乃潮州泥制陶壶，茶杯

国画《沏茶》

放茶

小如核桃，乃瓷制品，其壁极薄。茶池形状如鼓，瓷制，由一个作为“鼓面”的盘子和一个类似“鼓身”的圆罐组成。盘子上有小眼四个，为漏水所用。而圆罐则用于容纳由盘子漏下的废茶水。工夫茶所用的冲罐（茶壶），并非买来就用，而要先以茶水“养壶”。一把小壶，须先以“洗茶”（泡茶时的第一道茶）之水频频倒入其中，养上三月有余，方可正式使用。

标准的工夫茶艺，有后火、虾须水（刚开未开之水）、捅茶、装茶、烫杯、热罐（壶）、高冲、低斟、盖沫（以壶盖将浮在上面的泡沫抹去）、淋顶十法。

潮汕工夫茶一般主客四人，主人亲自操作。首先点火煮水，并将茶叶放入冲罐中，多少以占其容积之七分为宜。待水开即冲入冲罐中之后盖沫。第一冲杯，以初沏之茶浇冲杯子，目的在于形成茶的精神、气韵。洗过茶后，再冲入虾须水，此时，茶叶已经泡开，性味俱发，

沏茶

可以斟茶了。斟茶时，四个茶杯并围一起，以冲罐巡回穿梭于四杯之间，直至每杯均达七分满。此时罐中之茶水亦应合好斟完，剩下之余津还须一点一抬头地依次点入四杯之中。潮汕人称此过程为“关公巡城”和“韩信点兵”。四个杯中茶的量、色须均匀相同，方为上等功夫。最后，主人将斟毕的茶，双手依长幼次第奉于客前，先敬首席，然后左右嘉宾，自己最末。

潮汕工夫茶，是融精神、礼仪、沏泡技艺、巡茶艺术、评品质量为一体的完整的茶道形式。

第二节 茶道简史

茶道包括茶艺、茶礼、茶境、修道四大要素。所谓茶艺是指备器、选水、取火、候汤、习茶的一套技艺；所谓茶礼，是指茶事活动中的礼仪、法则；所谓茶境，是指茶事活动的场所、环境；所谓修道，是指通过茶事活动来怡情修性、悟道体道。考察中国的饮茶历史，饮茶法有煮、煎、点、泡四类，形成茶艺的有煎茶法、点茶法、泡茶法。

中国古代没有茶道专著，也没有条目清晰、理论贯通的总结，有关茶道的内容散见于各种茶书及茶诗文、绘画中，我们不揣浅陋，来梳理中国茶道发展的脉络。

一、唐宋时期——煎茶道

煎茶法不知起于何时，陆羽《茶经》始有详细记载。《茶经》问世，标志着中国茶道的诞生。其后，裴汶撰《茶述》，张又新撰《煎茶水记》，温庭筠撰《采茶录》，皎然、卢仝做茶歌，相映成趣，使中国煎茶道日益成熟。

煎茶道茶艺有备器、选水、取火、候汤、习茶五大环节。备器，《茶经·四之器》列出了“茶器二十四事”，功能细致，十分详备，足见茶事之隆重雅致。选水，《茶经·五之煮》云：“其水，用山水上，江水中，井水下。其山水，拣乳泉、石池漫流者上。其江水，取去人远者。井，取汲多者。”可以说，讲究水质，是中国茶道的特点。取火，《茶经·五之煮》提出需用炭火的观点。候汤，就是等待水沸，陆羽认为“水老不可食”，对水温的控制提出了要求。习茶，包括藏茶、炙茶、碾茶、罗茶、煎茶、酌茶、品茶等。

“礼”的要求被运用到茶事中，成为修身养性的重要形式。《茶经》中对煎茶、行茶的数量以及饮茶的细节安排都有详细的说明。这证明，那时人们饮茶是普遍遵循一定的仪式要求的，这正是茶道的重要组成部分。而且，唐朝茶道，对环境也有独特的观照和选择。其选择重在自然，多选在林间石上、泉边溪畔、竹树之下等清静、幽雅的自然环境中。或在道观僧寮、书院会馆、厅堂书斋，四壁常悬挂诗联条幅。

《茶经·一之源》指出饮茶利于“精行俭德”，使人强身健体。可见，《茶经》不仅阐发饮茶的养生功用，还将饮茶提升到精神文化层次，旨在培养俭德。诗僧皎然，精于茶道，作茶诗二十多首。其《饮茶歌诮崔石使君》诗有：“一饮涤昏寐，情思朗爽满天地；再饮清我神，忽如飞雨洒轻尘；三饮便得道，何须苦心破烦恼。……熟知茶道全尔真，唯有丹丘得如此。”皎然首标“茶道”，在茶文化史上功并陆羽。他认为饮茶不仅能涤昏、清神，更是修道的门径，三饮便可得道全真。诗人卢仝《走笔谢孟谏议寄新茶》诗中写道：“一碗喉吻润，两碗破孤闷。三碗搜枯肠，唯有文字五千卷。四碗发轻汗，平生不平事，尽向毛孔散。五碗肌骨清，六碗通仙灵。七碗吃不得也，唯觉两腋习习清风生。”“文字五千卷”，是指老子五千言《道德经》。三碗茶，唯存“道德”，此与皎然“三饮便得道”是一个意思。

由此可见，中唐时人们已经认识到茶的清、淡的品性和涤烦、致和、全真的功用。饮茶能使人养生、怡情、修性、得道，甚至能羽化登仙。煎茶茶艺完备，以茶修道思想业已确立，这标志着中国茶道的正式形成。

《道德经》

陆羽不仅是煎茶道的创始人，也是中国茶道的奠基人。煎茶道是中国最先形成的茶道形式，鼎盛于中、晚唐，经五代、北宋，至南宋而亡，历时约 500 年。

二、宋明时期——点茶道

点茶法约始于唐末，从五代到北宋，越来越盛行。11 世纪中叶，蔡襄著《茶录》二篇，上篇论茶，色、香、味、藏茶、炙茶、碾茶、罗茶、候汤、烤盏、点茶；下篇论茶器，茶焙、茶笼、砧椎、茶钤、茶碾、茶罗、茶盏、茶匙、汤瓶。蔡襄是北宋著名的书法家，同时又是文学家、茶叶专家、荔枝专家，其《茶录》奠定了点茶法的基础。其后，精于茶道的宋徽宗赵佶著《大观茶论》二十篇，亦论及“点茶”。

《茶录》《茶论》《茶谱》等书对点茶用器都有记录。宋元之际的审安老人作《茶具图赞》，对点茶道主要的十二件茶器列出名、字、号，并

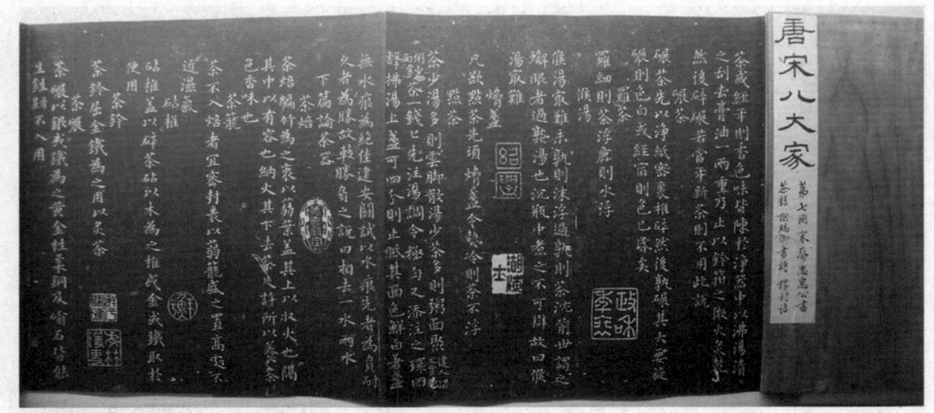

《茶录》内容展示

附图及赞。归纳起来点茶道的主要茶器有：茶炉、汤瓶、砧椎、茶铃、茶碾、茶磨、茶罗、茶匙、茶筅、茶盏等。

宋朝选水承继唐人观点，以山水上、江水中、井水下。但《大观茶论》“水”篇却认为“水以清轻甘洁为美，轻甘乃水之自然，独为难得。古人品水，虽曰中泠、惠山为上，然人相去之远近，似不常得，但当取山泉之清洁者。其次，

《茶录》内容展示

则井水之常汲者为可用。若江河之水，则鱼鳖之腥、泥泞之汗，虽轻甘无取”。宋徽宗主张水以清轻甘活好，以山水、井水为用，反对用江河水。

蔡襄《茶录》“候汤”条记载：“候汤最难，未熟则沫浮，过熟则茶沉。前世谓之蟹眼者，过熟汤也。沉瓶中煮之不可辨，故曰候汤最难。”蔡襄认为蟹眼汤已是过熟，且煮水用汤瓶，气泡难辨，故候汤最难。

点茶道习茶程序主要有：藏茶、洗茶、炙茶、碾茶、磨茶、罗茶、烤盏、点茶（调膏、击拂）、品茶等。

据朱权《茶谱》记载，点茶道注重主、客间的端、接、饮、叙礼仪，且礼陈再三，颇为严肃。点茶道对饮茶环境的选择与煎茶道相同，大致要求自然、幽静、清静。朱权《茶谱》记载：“或会于泉石之间，或处于松竹之下，或对皓月清风，或坐明窗静牖。”

在帝王赵佶眼里，茶能够“祛襟涤滞、致清导和”“冲淡闲洁、韵高致静”“熏陶德化”；在王子朱权心里茶能够“与天语以扩心志之大，……又将有裨于修养之道矣”“探虚玄而参造化，清心神而出尘表”。宋朝茶人进一步完善了唐朝茶人的饮茶修道思想，赋予了茶清、和、淡、洁、韵、静的品性。

宋・赵佶《听琴图》

三、明清时期——泡茶道

泡茶法大约始于中唐，多用于末茶。明初以后，泡茶用叶茶，流风至今。明朝后期，张源著《茶录》，其书有藏茶、火候、汤辨、泡法、投茶、饮茶、品泉、贮水、茶具、茶道等篇；许次纾著《茶疏》，其书有择水、贮水、舀水、煮水器、火候、烹点、汤候、瓯注、荡涤、饮啜、论客、茶所、洗茶、饮时、宜辍、不宜用、不宜近、良友、出游、权宜、宜节等篇。《茶录》和《茶疏》共同奠定了泡茶道的基础。程用宾《茶录》、罗廪《茶解》、冯可宾《岕茶笺》、冒襄《岕茶汇抄》等进一步补充、发展、完善了泡茶道。

明·仇英《赵孟頫写经换茶图卷（卷轴）》

泡茶道茶艺的主要器具有茶炉、汤壶（茶铫）、茶壶、茶盏（杯）等。明清茶人对水的讲究比唐宋有过之而无不及。明朝，田艺衡撰《煮泉小品》，徐献忠撰《水品》，专书论水。明清茶书中，也多有择水、贮水、品泉、养水的内容。而取火候汤的论述也更加深入细致。习茶则有壶泡法、撮泡法、工夫茶等区别。撮泡法简便，主要有涤盏、投茶、注汤、品茶等步骤。工夫茶形成于清朝，流行于广东、福建和台湾地区，是

明·仇英画、文徵明书《赵孟頫写经换茶图卷（部分）》

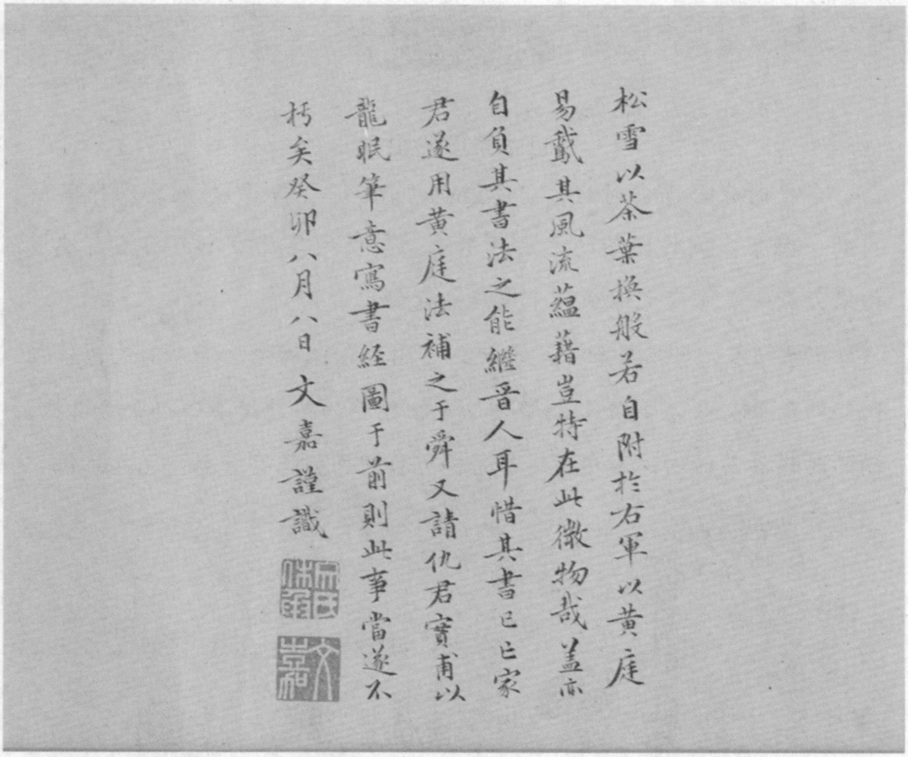

松雪以茶葉換般若自附扵右軍以黃庭
易戴其風流蘊藉豈特在此微物哉蓋亦
自負其書法之能繼晉人耳惜其書已亡家
君遂用黃庭法補之于舜又請仇君實甫以
龍眠筆意寫書經圖于前則此事當遂不
朽矣癸卯八月八日文嘉謹識

明·仇英画、文徵明书《赵孟頫写经换茶图卷（部分）》

用小茶壶泡青茶（乌龙茶），主要程序有浴壶、投茶、出浴、淋壶、烫杯、酾茶、品茶等，又进一步分解为孟臣沐霖、马龙入宫、悬壶高中、春风拂面、重洗仙颜、若琛出浴、游山玩水、关公巡城、韩信点兵、鉴赏三色、喜闻幽香、品啜甘露、领悟神韵。明清茶人对品茗修道环境尤其讲究，设计了专门供茶道用的茶室——茶寮，使茶事活动有了固定的场所。茶寮的发明、设计是明清茶人对茶道的一大贡献。

中国先后产生了煎茶道、点茶道、泡茶道。煎茶道、点茶道在中国本土早已消亡，唯有泡茶道尚存一线生机。唐宋元明清，中国的煎茶道、点茶道、泡茶道先后传入日本，经日本茶人的重新改易，形成了日本的“抹茶道”“煎茶道”。

知识小百科

日本茶道的由来

奈良时代与平安时代，日本流行“团茶”，就是唐朝文人饮茶所用的一种茶。制作团茶的方法并不难，只要把茶叶晾干，用茶臼捣成粉末，放一点水揉成球状，干燥后储存备用。

9世纪末，日本废除了遣唐使，“团茶”也因之而渐渐消失，代之而起的是“抹茶”。抹茶的制作方法是把精制的茶叶用茶臼捣成粉末状，喝的时候往茶粉内注入水，用茶筅搅匀后饮用，既有营养，也具品位。

南宋绍熙二年（1191 年）日本僧人荣西首次将茶种从中国带回日本，从此日本才开始遍种茶叶，荣西著作《饮茶养生记》，极力宣扬饮茶益寿延年之功，推动了抹茶的普及。在南宋末期（1259 年）日本南浦昭明禅师来到我国浙江省余杭县（现杭州市余杭区）的经山寺求学取经，学习了该寺院的茶宴仪程，首次将中国的茶道引进日本，成为中国茶道在日本的最早传播者。日本《类聚名物考》对此有明确记载："茶道之起，在正元中筑前崇福寺，开山南浦昭明由宋传入。"日本《本朝高僧传》也有"南浦昭明由宋归国，把茶台子、茶道具一式带到崇福寺"的记述。

从南北朝（1336 年）到室町中期（15 世纪中叶），"斗茶"的方法及茶亭几乎完全模仿中国。可是，室町中期以后，中式茶亭遭废除，改用举行歌道和连歌道的会所。"斗茶"的趣味也逐渐日本化，人们不再注重豪华，而更讲究风雅品位。于是出现了贵族趣味的茶仪和大众化的品茶方法。珠光制定了第一部品茶法，因此被后世称为"品茶的开山祖"，珠光使品茶从游艺变成了茶道。

到了日本丰臣秀吉时代（1536—1598 年，相当于我国明朝中后期），出现了一位茶道大师千利休。千利休创立了利休流草庵风茶法，一时风靡天下，将茶道发展推上顶峰。千利休被誉为"茶道天下第一人"，他高高举起了"茶道"这面旗帜，并总结出茶道四规：和、敬、清、寂。显然这个基本理论是受到了中国茶道精髓的影响而形成的，其主要的仪程框架规范仍源于中国。千利休在民间的人望威胁到了当政者的权威，将军丰臣秀吉借口平乱，颁布了士农工商身份法令，以莫须有的罪名勒令千利休切腹自杀。千利休死后，其后人承其衣钵，出现了以"表千家""里千家""武者小路千家"为代表的数以千计的流派。

茶道各流派基本上都采用抹茶法，但是到了江户初期（16 世纪末叶），在文人学士中掀起了中国明朝开创的煎茶法热潮。煎茶法对茶叶要求不高，只要将普通茶叶干后再蒸，然后用手搓开，放入茶壶用滚水冲泡，将茶倒入茶碗饮用即可。由于煎茶方便，又不受场地限制，所以现代家庭普遍使用煎茶方式，在正式茶会或接待重要人物时，仍以传统抹茶法为主。

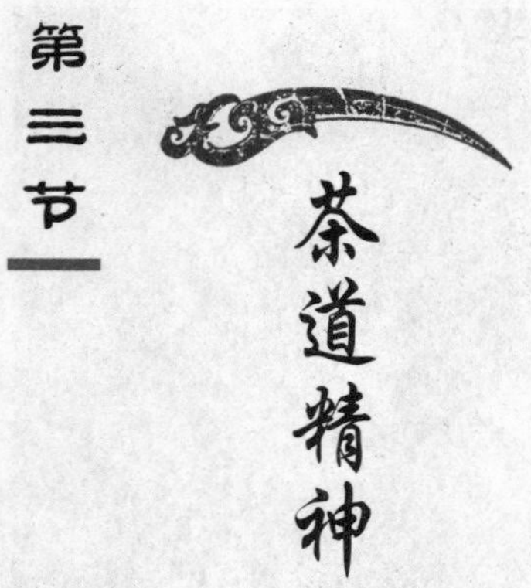

第三节 茶道精神

茶道属于东方文化。东方文化与西方文化的不同，在于东方文化往往没有一个科学的、准确的定义，而要靠自己的悟性去贴近它、理解它。早在我国唐朝就有了“茶道”这个词，例如，《封氏闻见记》中记载：“又因鸿渐之论，广润色之，于是茶道大行。”唐朝刘贞亮在饮茶十德中也明确提出：“以茶可行道，以茶可雅志。”受老子“道可道，非常道。名可名，非常名”的思想影响，“茶道”一词从使用以来，历代茶人都

茶具（日本）

茶道

没有给它下过一个准确的定义。直到近代，对茶道见仁见智的解释才丰富起来。

吴觉农先生认为，茶道是把茶视为珍贵、高尚的饮料，饮茶是一种精神上的享受，是一种艺术，或是一种修身养性的手段。庄晚芳先生认为，茶道是一种通过饮茶的方式，对人民进行礼法教育、道德修养的一种仪式。陈香白先生认为，中国茶道包含茶艺、茶德、茶礼、茶理、茶情、茶学说、茶道引导七种义理，中国茶道精神的核心是“和”。中国茶道就是通过茶事过程，引导个体在美的享受过程中走向完成品格修养以实现全人类和谐安乐之道。陈香白先生的茶道理论可简称为“七艺一心”。周作人先生则说得比较随意，他对茶道的理解为“茶道的意思，用平凡的话来说，可以称作为忙里偷闲，苦中作乐，在不完全现实中享受一点美与和谐，在刹那间体会永久”。中国台湾学者刘汉介先生提出：“所谓茶道是指品茗的方法与意境。”可见，“茶道”就是一种以茶为主题的生活礼仪，也是一种修身养性的方式，它通过沏茶、赏茶、品茶，来修炼身心。

中国人崇尚自然，朴实谦和，不重形式。饮茶也是这样，不像日本茶道具有严格的仪式和浓厚的宗教色彩。但茶道毕竟不同于一般的饮茶，它不但讲求表现形式，而且注重精神内涵。

日本学者把茶道的基本精神归纳为“和、敬、清、寂”，400多年来一直是日本茶人的行为准则。中国茶道的基本精神是什么呢？中国台湾中华茶艺协会第二届大会通过的茶艺基本精神是“清、敬、怡、真”。中国台湾学者吴振铎解释：“清”是指清洁、清廉、清静、清寂；“敬”是万物之本，就是尊重他人，对己谨慎；“怡”是欢乐怡悦；“真”是真理之真，真知之真。饮茶的真谛，在于启发智慧与良知，使人生活得淡泊明志、俭德行事，臻于真、善、美的境界。我国大陆学者对茶道的基本精神有不同的理解，其中最具代表性的是茶业界泰斗庄晚芳教授提出的“廉、美、和、敬”。庄老解释为：“廉俭育德，美真康乐，和诚处世，敬爱为人。”“武夷山茶痴”林治先生认为，“和、静、怡、真”应作为中国茶道的四谛。具体来说，“和”是中国茶道哲学思想的核心，是茶道的灵魂；“静”是中国茶道修习的不二法门；“怡”是中国茶道修习实践中的心灵感受；“真”是中国茶道的终极追求。

一、“和”：中国茶道哲学思想的核心

“和”是儒、佛、道三教共通的哲学理念。茶道追求的“和”，陆羽在《茶经》中对此论述得很明白。惜墨如金的陆羽不惜用近二百五十个字来描述他设计的风炉。陆羽指出，风炉用铁铸从“金”；放置在地上从“土”；炉中烧的木炭从“木”；木炭燃烧从“火”；风炉上煮的茶汤从“水”。煮茶的过程就是金、木、水、火、土五行相生相克并达到和谐平衡的过程。可见五行调和等理念是茶道的哲学基础。

儒家从“大和”的哲学理念中推出“中庸之道”的中和思想。在儒家

和

眼里，和是中，和是度，和是宜，和是当，和是一切恰到好处，无过亦无不及。儒家对和的诠释，在茶事活动中表现得淋漓尽致。在泡茶时，表现为“酸甜苦涩调太和，掌握迟速量适中”的中庸之美；在待客时表现为“奉茶为礼尊长者，备茶浓意表浓情”的明礼之伦；在饮茶过程中表现为“饮罢佳茗方知深，赞叹此乃草中英”的谦和之礼；在品茗的环境与心境方面

龙井茶室

表现为“普事故雅去虚华，宁静致远隐沉毅”的俭德之行。

二、“静”：中国茶道修习的必由之径

中国茶道是修身养性、追寻自我之道。静是中国茶道修习的必由途径。如何从小小的茶壶中去体悟宇宙的奥秘？如何从淡淡的茶汤中去品味人生？如何在茶事活动中明心见性？如何通过茶道的修习来澡雪精神，锻炼人格，超越自我？答案只有一个——静。

老子说：“致虚极，守静笃，万物并作，吾以观其复。夫物芸芸，各复归其根。归根曰静，静曰复命。”庄子说：“水静则明烛须眉，平中准，大匠取法焉。水静伏明，而况精神。圣人之心，静，天地之鉴也，万物之镜。”老子和庄子所启示的“虚静观复法”是人们明心见性、洞察自然、反观自我、体悟道德的无上妙法。

道家的“虚静观复法”在中国的茶道中演化为“茶须静品”的理论实践。宋徽宗赵佶在《大观茶论》中写道：“茶之为物，……冲淡闲洁，韵高致静。”戴昺的《赏茶》诗：“自汲香泉带落花，漫烧石鼎试新茶。绿阴天气闲庭院，卧听黄蜂报晚衙。”连黄蜂飞动的声音都清晰可闻，可见虚静至极。“卧听黄蜂报晚衙”真可与王维的“蝉噪林欲静，鸟鸣山更幽”相媲美。苏东坡在《汲江煎茶》诗中写道：“活水还须活火烹，自临钓石取深清。大瓢贮月归春瓮，小杓分江入夜瓶。雪乳已翻煎处脚，松风忽作泻时声。枯肠未易禁三碗，坐听荒城长短更。”生动描写了苏东坡在幽静的月夜临江汲水、煎茶、品茶的妙趣，堪称描写茶境虚静清幽的千古绝唱。中国茶道正是通过茶事创造一种宁静的氛围和一个空灵虚静的心境，

陶壶

当茶的清香静静地浸润你的心田和肺腑的每一个角落的时候，你的心灵便在虚静中显得空明，你的精神便在虚静中升华净化，你将在虚静中与大自然融涵玄会，达到“天人和一”的“天乐”境界。

三、“怡”：中国茶道中茶人的身心享受

“怡”者，和悦、愉快之意。中国茶道是雅俗共赏之道，它体现于日常生活之中，不讲形式、不拘一格，突出体现了道家“自恣以适己”的随意性。历史上王公贵族讲茶道重在“茶之珍”，意在炫耀权势，夸示富贵，附庸风雅。文人学士讲茶道重在“茶之韵”，托物寄怀，激扬文思，交朋结友。佛家讲茶道重在“茶之德”，意在去困提神，参禅悟道，见性成佛。道家讲茶道，重在“茶之功”，意在品茗养生，保生尽年，羽化成仙。普通老百姓讲茶道，重在“茶之味”，意在去腥除腻，涤烦解渴，享受人生。无论什么人都可以在茶事活动中获得生理上的快感和精神上的畅适。中国茶道的这种怡悦性，使得它有极广泛的群众基础，这种怡悦性也正是中国茶道区别于强调“清寂”的日本茶道的根本标志之一。

茶杯

四、“真”：中国茶道的终极追求

中国人不轻易言“道”，而一旦论道，则执着于“道”，追求于“真”。“真”是中国茶道的起点，也是中国茶道的终极追求。中国茶道在从事茶事时所讲究的“真”，不仅包括茶应是真茶、真香、真味，环境最好是真山、真水，挂的字画最好是名家、名人的真迹，用的器具最好是真竹、真木、

真陶、真瓷，还包含了对人要真心，敬客要真情，说话要真诚，心境要真闲。茶事活动的每一个环节都要认真，都要求真。中国茶道追求的“真”有三重含义：道之真，即通过茶事活动追求对“道”的真切体悟，达到修身养性、品味人生之目的；情之真，即通过品茗述怀，使茶友之间的真情得以发展，达到茶人之间互见真心的境界；性之真，即在品茗过程中，真正放松自己，在无我的境界中去放飞自己的心灵，放牧自己的天性，达到“全性葆真”。

爱护生命、珍惜生命，让自己的身心都更健康、更畅适，让自己的一生过得更真实，这是中国茶道追求的最高层次。

《养真》

第四节 茶禅一味

佛教和茶早在晋代结缘。相传晋代名僧慧能曾在江西庐山东林寺以自制的佳茗款待挚友陶渊明，话茶吟诗，叙事谈经，通宵达旦。佛教和茶结缘对推动饮茶风尚的普及并走向高雅境界以至发展到创立茶道，作出了不可磨灭的贡献。创立中国茶道的茶圣陆羽，自幼曾被智积禅师收养，在竟陵龙盖寺学文识字、习颂佛经，其后又与唐朝诗僧皎然和尚结为『生相知，死相随』的缁素忘年之交。『茶道』一词最早就是皎然在《饮茶歌诮崔石使君》一诗中明确提出来的。

摩訶般若波羅蜜多心經
觀自在菩薩行深般若波羅蜜多時照
見五蘊皆空度一切苦厄舍利子色不
異空空不異色色即是空空即是色受
想行識亦復如是舍利子是諸法空相
不生不滅不垢不淨不增不減是故空
中無色無受想行識無眼耳鼻舌身意
無色聲香味觸法無眼界乃至無意識
界無無明亦無無明盡乃至無老死亦
無老死盡無苦集滅道無智亦無得以
無所得故菩提薩埵依般若波羅蜜多
故心無罣礙無罣礙故無有恐怖遠離
顛倒夢想究竟涅槃三世諸佛依般若
波羅蜜多故得阿耨多羅三藐三菩提
故知般若波羅蜜多是大神咒是大明
咒是無上咒是無等等咒能除一切苦
真實不虛故說般若波羅蜜多咒即說
咒曰
揭諦揭諦波羅揭諦波羅僧揭諦菩提
薩婆訶
嘉靖二十一年歲在壬寅九月廿
又一日書于崑山舟中 徵明

明·仇英画、文徵明书《赵孟頫写经换茶图卷（经文部分）》

一、佛教对茶道发展的贡献

自古以来僧人多爱茶、嗜茶，并以茶为修身静虑之侣，而寺庙多有自己的茶园，我国有许多名茶均产于寺庙。综合起来说，佛教对茶道发展的贡献主要有三个方面。

其一，高僧们写茶诗、吟茶词、做茶画，或与文人唱和茶事，丰富了茶文化的内容。

其二，佛教为茶道提供了“梵我一如”的哲学思想及“戒、定、慧”三学的修习理念，深化了茶道的思想内涵，使茶道更有神韵。特别是“梵我一如”的世界观与道教的“天人和一”的哲学思想相辅相成，形成了中国茶道美学对“物我玄会”境界的追求。

其三，佛门的茶事活动为茶道的表现形式提供了参考。郑板桥有一副对联写得很妙：“从来名士能萍水，自古高僧爱斗茶。”佛门寺院持续不断的茶事活动，对提高茗饮技法、规范茗饮礼仪等都广有帮助。在南宋宁宗开禧年间，经常举行上千人的大型茶宴，并把寺庙中的饮茶规范纳入了《百丈清规》，近代有的学者认为《百丈清规》是佛教茶仪与儒家茶道相结合的标志。

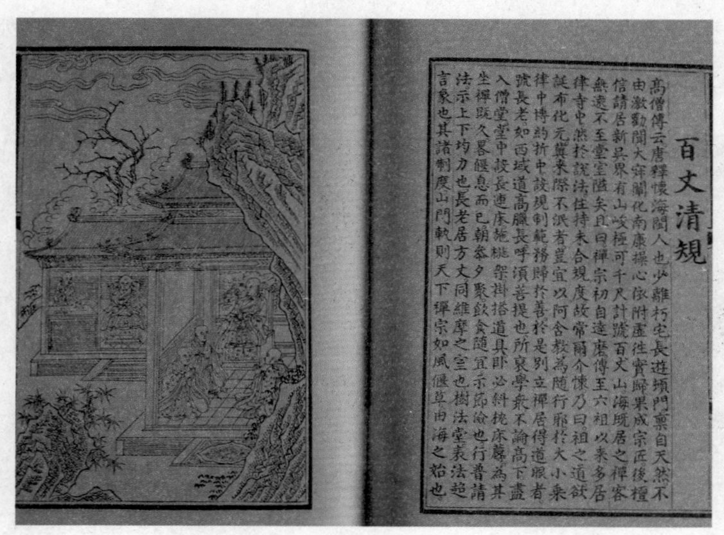

百丈清規

高僧傳云唐釋懷海閩人也少離朽宅長遊頻門稟自天然不由激勸聞大寂闡化南康操心依附虛往實歸果成宗匠後檀信請居新吳界有山峻極可千尺許號百丈山海既居之禪客無遠不至堂室隘矣且曰禪宗初自達磨傳至六祖以來多居律寺中然於說法住持未合規度故常爾介懷乃曰祖之道欲誕布化元冀來際不泯者豈宜以阿含較為隨行耶於大小乘律中博約折中設規制範務歸於善於是別立禪居得道眼者號長老如西域道高臘長呼須菩提也所裒學衆不論高下盡入僧堂堂中設長連床施椸架掛搭道具臥必斜枕床蓐為其坐禪既久畧偃息而已朝參夕聚飲食隨宜示節儉也行普請法示上下均力也長老居方丈同維摩之室也樹法堂表法超言象也其諸制度山門軌則天下禪宗如風偃草由海之始也

《百丈清规》

二、茶道中的佛典与禅语

在茶道中佛典和禅语的引用，往往可启悟人的慧性，帮助人们对茶道内涵进行理解，并从中得到悟道的无穷乐趣。

“无”是历史上禅僧常书写的一个字，也是茶室中常挂的墨宝。“无”是佛教的世界观的反映。禅宗五祖弘忍在传授衣钵前曾召集所有的弟子门人，要他们各自写出对佛法的了悟心得，谁写得最好就把衣钵传给谁。弘忍的首座弟子神秀是个饱学高僧，他写道：“身是菩提树，心如明镜台。时时勤拂拭，莫使惹尘埃。”弘忍认为这偈文美则美，但尚未悟出佛法真谛。而当时寺中一位烧水小和尚慧能也作了一篇偈文：“菩提本无树，明镜亦非台。本来无一物，何处惹尘埃。”弘忍认为，“慧能了悟了”，于是当夜就将达摩祖师留下的衣钵传给了慧能。因为慧能明白了“诸性无常，诸法无我，涅槃寂静”的真理。只有认识了世界“本来无一物”才能进一步认识到“无一物中物尽藏，有花有月有楼台”。茶学界普遍认为，只有了悟了“无”的境界，才能创造出“禅茶一味”的真境。

“直心是道场。”茶道界把茶室视为修心悟道的道场。“直心”即纯洁清静之心，要抛弃一切烦恼，灭绝一切妄念，存无杂之心。有了“直心”，在任何地方都可以修心，若无“直心”就是在最清静的深山古刹中也修不出正果。茶道认为现实世界即理想世界，求道、证道、悟道在现实中就可进行，解脱也只能在现实中去实现。“直心是道场”是茶人喜爱的座右铭。

茶汤

“平常心是道。”平常心是指把“应该这样做，不应该那样做”等按世俗常规办事的主观能动彻底忘记，而保持一个毫无造作、不浮不躁、不卑不亢、不贪不嗔的虚静之心。

茶汤

“万古长空，一朝风月。”这句话典出于《五灯会元》卷二。有一次有僧人问崇慧禅师：“达摩祖师尚未来中国时，中国有没有佛法？”崇慧禅师说：“尚未来时的事暂且不论，如今的事怎么做？”僧人不懂，说：“我实在不领会，请大师指点。”崇慧禅师说：“万古长空，一朝风月。”隐指佛法与天地同存，不依达摩来否而变，而禅悟则是每个人自己的事，应该着眼自身、着眼现实，而不管他达摩来否。

“禅茶一味”“茶意禅味”，茶与禅形成一体，饮茶成为平静、和谐、专心、敬意、清明、整洁、宁静的心灵境界。饮茶即是禅的一部分，或者可以说“茶是简单的禅”“生活的禅”。

玻璃茶具煮茶

茶里雅俗

茶叶及茶汤

茶叶在我国西周时期是被作为祭品使用的，到了春秋时代茶鲜叶被人们作为菜食，而战国时期茶叶作为治病药品。南北朝时期，佛教盛行，佛家利用饮茶来解除坐禅瞌睡，于是在寺庙旁的山谷间普遍种茶。到了唐朝，茶叶才正式作为普及民间的大众饮料。人们将饮茶当作生活的一部分，没有什么仪式，没有任何宗教色彩，茶是生活必需品，高兴怎么喝，就怎么喝。文人茶道则在陆羽茶道的基础上融入了琴、棋、书、画，更注重文化氛围和情趣，注重人文精神，提倡节俭、淡泊、宁静的人生。茶为常饮，其性凡俗；茶可入道，自是雅事。茶中的雅俗共赏也就形成了独特的文化风味。

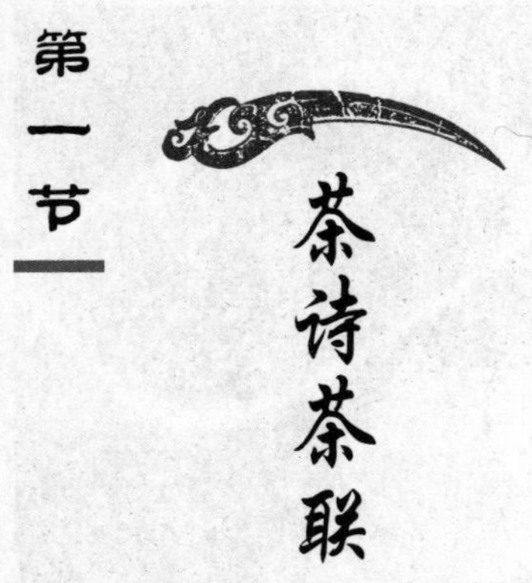

第一节 茶诗茶联

在我国古代和现代文学中，涉及茶的诗词、歌赋和散文比比皆是，可谓数量巨大、质量上乘。这些作品已成为我国文学宝库中的珍贵财富。

在我国早期的诗、赋中，赞美茶的诗中首推的应是晋代诗人杜育的《荼赋》。诗人以饱满的热情歌颂了祖国山区孕育的奇产——茶叶。诗中云，茶树受着丰壤甘霖的滋润，满山遍谷，生长茂盛，农民成群结队辛勤采制。

唐朝为我国诗的极盛时期，科举以诗取士，作诗成为谋取利禄的途径。此时适逢陆羽《茶经》问世，饮茶之风更炽，茶与诗词，交相呼应，咏茶诗大批涌现，出现了大批好诗名句。唐朝杰出诗人杜甫，写有“落日平台上，春风啜茗时”的诗句。当时杜甫年过四十，而蹉跎不遇，微禄难沾，有归山买田之念。此诗虽写得潇洒闲适，仍表达了他心中隐伏的不平。诗仙李白豪放不羁，一生不得志，只能在诗中借浪漫而丰富的想象表达自己的理想，而现实中的他又异常苦闷，成天沉湎在醉乡。正如他在诗中所云，“三百六十日，日日醉如泥”。当他听说荆州玉泉真公因常采饮“仙人掌茶”，虽年逾八十，仍然颜面如桃花时，也不禁对茶唱出了赞歌："常闻玉泉山，山洞多乳窟。仙鼠如白鸦，倒悬深溪月。茗生此中石，玉泉流不歇。根柯洒芳津，采眼润肌骨。丛老卷绿叶，枝枝相连接。曝成仙人掌，似拍洪崖肩。举世未见之，其名定谁传……"中唐时期最有影响的诗人白居易，对茶怀有浓厚的兴味，一生写下了不少咏茶的诗篇。他的《食后》云："食罢一觉睡，起来两瓯茶。举头看日影，已复西南斜。乐人惜日促，忧人厌年赊。无忧无乐者，长短任生涯。"诗中写出了他食后睡起，手持茶碗，无忧无虑，自得其乐的情趣。以饮茶而闻名的卢仝，自号玉川子，隐居洛阳城中。他作诗豪放怪奇，独树一帜。他在名作《饮茶歌》中，描写了他饮七碗茶的不同感觉，步步深入，诗中还从个人的穷苦想到亿万苍生的辛苦。

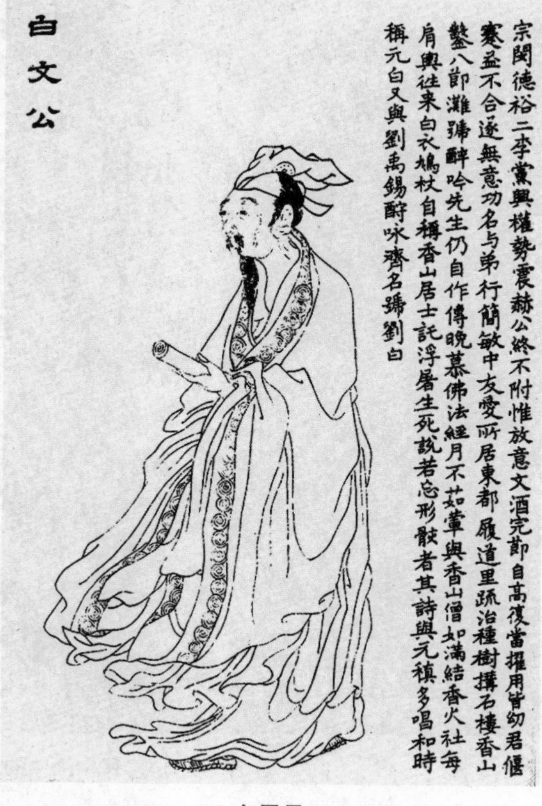

白居易

到了宋朝，文人学士烹泉煮茗，竞相吟咏，出现了更多的茶诗、茶歌，有的还采用了词这种当时新兴的文学形式，诗人苏轼有一首《西江月》词云："尤焙今年绝品，谷帘自古珍泉，雪芽双井散神仙，苗裔来从北苑。汤发云腴酽白，盏浮花乳轻圆，人间谁敢更争妍，斗取红窗粉面。"词中对双井茶叶和谷帘泉水作了尽情的赞美。元代诗人的咏茶诗也有不少。高名的一首著名的《采茶词》描写了山家以茶为业，佳品先呈太守，

清朝·边寿民字画中的紫砂壶

其余产品与商人换衣食，终年劳动难得自己品尝的情景。清高宗乾隆，曾数度下江南游山玩水，也曾到杭州的云栖、天竺等茶区，留下了不少诗句。他在《观采茶作歌》中写道：“火前嫩，火后老，唯有骑火品最好。西湖龙井旧擅名，适来试一观其道……”

知识小百科

请诵读下面咏茶的诗词名篇

一言至七言诗·茶　唐·元稹

茶。香叶，嫩芽。慕诗客，爱僧家。碾雕白玉，罗织红纱。铫煎黄蕊色，碗转曲尘花。

夜后邀陪明月，晨前命对朝霞。洗尽古今人不倦，将至醉后岂堪夸。

走笔谢孟谏议寄新茶　唐·卢仝

日高丈五睡正浓，军将打门惊周公。口云谏议送书信，白绢斜封三道印。开缄宛见谏议面，手阅月团三百片。闻道新年入山里，蛰虫惊动春风起。天子须尝阳羡茶，百草不敢先开花。仁风暗结珠琲瓃，先春抽出黄金芽。摘鲜焙芳旋封裹，至精至好且不奢。至尊之余合王公，何事便到山人家？柴门反关无俗客，纱帽笼头自煎吃。碧云引风吹不断，白花浮光凝碗面。一碗喉吻润，二碗破孤闷。三碗搜枯肠，唯有文字五千卷。四碗发轻汗，平生不平事，尽向毛孔散。五碗肌骨清，六碗通仙灵。七碗吃不得也，唯觉两腋习习清风生。蓬莱山，在何处？玉川子，乘此清风欲归去。山上群仙司下土，地位清高隔风雨。安得知百万亿苍生命，堕在巅崖受辛苦。便为谏议问苍生，到头还得苏息否？

汲江煎茶　北宋·苏轼

活水还须活水烹，自临钓石汲深清。大瓢贮月归春瓮，小杓分江入夜瓶。

雪乳已翻煎处脚，松风忽作泻时声。枯肠未易禁三碗，坐听荒城长短更。

茶联，即与茶有关的对联，它对偶工整，联意协调，是诗词形式的演变、精化。在我国，各地的茶馆、茶楼、茶室、茶叶店、茶座的门庭或石柱上，茶道、茶艺、茶礼表演的厅堂墙壁上，甚至在茶人的起居室内，常可见到悬挂以茶事为内容的茶联。茶联常给人古朴高雅之美，也常给人以正气睿智之感，还可以给人带来联想，增加品茗情趣。

杭州的“茶人之家”在正门门柱上，悬有一副茶联：一杯春露暂留客，两腋清风几欲仙。联中既道明了以茶留客，又说出了用茶清心和飘飘欲仙之感。进得前厅入院，在会客室的门前木柱上，又挂有一联：得与天下同其乐，不可一日无此君。这副茶联，并无“茶”字。但一看便知，

茶联

茶

它道出了人们对茶叶的共同爱好，以及主人“以茶会友”的热切心情，使人读来，大有“此地无茶胜有茶”之感。在陈列室的门庭上，又有另一联道：龙团雀舌香自幽谷，鼎彝玉盏灿若烟霞。联中措辞含蓄，点出了名茶、名具，使人未曾观赏，已有如入宝山之感。

福建泉州市有一家小而雅的茶室，其茶联这样写道：小天地，大场合，让我一席；论英雄，谈古今，喝它几杯。此联上下纵横，谈古论今，既朴实，又现实，令人叫绝。福州南门外的茶亭悬挂一联：山好好，水好好，开门一笑无烦恼；来匆匆，去匆匆，饮茶几杯各西东。该联通俗易懂，言简意赅，教人淡泊名利，陶冶情操。旧时广东羊城著名的茶楼“陶陶居”，店主为了扩大影响，招揽生意，用“陶”字分别为上联和下联的开端，出重金征得茶联一副，曰：陶潜喜饮，易牙喜烹，饮烹有度；陶侃惜分，夏禹惜寸，分寸无遗。这里用了四个人名，即陶潜、易牙、陶侃和夏禹；又用了四个典故，即陶潜喜饮，易牙喜烹，陶侃惜分和夏禹惜寸，不但把“陶陶”两字分别嵌于每句之首，使人看起来自然、流畅，而且巧妙地把茶楼的饮茶技艺和经营特色，恰如其分地表现出来，理所当然地受到店主和茶人的喜爱与传诵。

最有趣的恐怕要数这样一副回文茶联了，联文曰：“趣言能适意，茶品可清心。”倒读则成为：“心清可品茶，意适能言趣。”前后对照意境非同，文采娱人，别具情趣，不失为茶亭联中的佼佼者。

陶陶居

知识小百科

郑板桥“联”讽势力僧

我国是礼仪之邦，客来敬茶是我国人民最常见的传统礼节。早在古代，尽管饮茶的方法简陋，但它已成为日常待客的必备饮料。客人进门，敬上一杯（碗）热茶，即表达了主人的一片盛情。在我国历史上，不论富贵之家或贫困之户，不论上层社会或平民百姓，莫不以茶为应酬品。敬茶，不但要讲究茶叶的质量，还要讲究泡茶的艺术。有些时候，有人还有看人“下茶”的习惯。当然，这是不足取的。

相传，清朝大书法家、大画家郑板桥去一个寺院，方丈见他衣着简朴，以为是一般俗客，就冷淡地说了句“坐”，又对小和尚喊“茶！”一经交谈，顿感此人谈吐非凡，就引进厢房，一面说“请坐”，一面吩咐小和尚“敬茶”。又经细谈，得知来人是赫赫有名的扬州八怪之一的郑板桥时，急忙将其请到雅洁清静的方丈室，连声说“请上坐”，并吩咐小和尚“敬香茶”。最后，这位方丈再三恳求郑板桥题词留念，郑板桥思忖了一下，挥笔写了一副对联。上联是“坐，请坐，请上坐”；下联是“茶，敬茶，敬香茶”。方丈一看，羞愧满面，连连向郑板桥施礼，以示歉意。实际上，敬茶是要分对象的，但不是以身份地位，而是应视对方的不同习俗。

清朝·郑燮《竹石图》

有趣的茶回文。所谓回文，是指可以按照原文的字序倒过来读的句子。在我国民间有许多回文趣事。茶回文是指与茶相关的回文。

有一些茶杯的杯身或杯盖上有四个字“清心明目”，这是最简单的，也是很有名的茶回文，随便从哪个字读皆可成句：“清心明目”“心明目清”“明目清心”“目清心明”。而且这几种读法的意思都是一样的。正所谓“杯随字贵、字随杯传”，给人美的感受，增强了品茶的意境美和情趣美。

东坡茶回文

“不可一日无此君”，是挺有名的一句茶联，它也可以看成是一句回文，从任何一个字起读皆能成句。不可一日无此君，可一日无此君不，一日无此君不可，日无此君不可一，此君不可一日无，君不可一日无此。我们把这几句横读、纵读都能够得到同样的结果，似乎是一首怪诗。

宋朝诗人苏东坡有两首回文七绝，其一是：酡颜玉碗捧纤纤，乱点余花睡碧衫；歌咽水云凝静院，梦惊松雪落空岩。其二是：空花落尽酒倾缸，日上山融雪涨江；红焙浅瓯新火活，龙团小碾斗晴窗。若是倒过来读，也能读出两首颇具韵味的茶诗来。

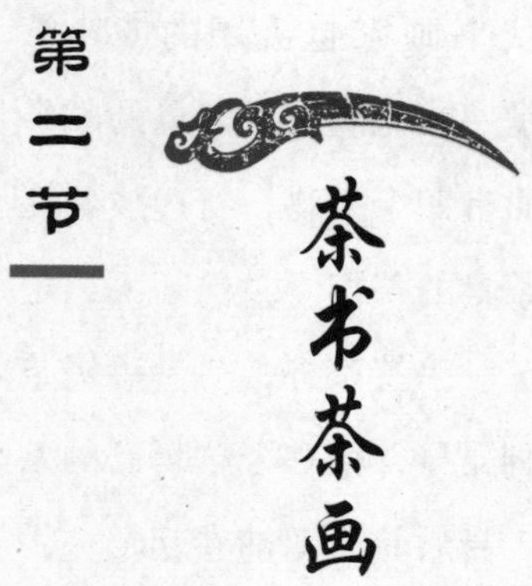

第二节 茶书茶画

我国以茶为题材的古代绘画，现存或有文献记载的多为唐朝以后的作品。如唐朝的《调琴啜茗图卷》，南宋刘松年的《斗茶图卷》，元代赵孟頫的《斗茶图》，明朝唐寅的《事茗图》、文徵明的《惠山茶会图》和《烹茶图》、丁云鹏的《玉川烹茶图》等。

唐人的《调琴啜茗图卷》，作者已不可考，也有说是周昉所作。画中五个人物，一人坐而调琴，一人侧坐面向调琴者，一人端坐凝神倾听琴音，一个仆人一旁站立，另一仆人送来茶茗。画中的妇女丰颊曲眉，浓丽多姿，整个画面表现出唐朝贵族妇女悠闲自得的情态。

明朝 · 文徵明《惠山茶会图》

元代·赵孟頫《斗茶图》

元代书画家赵孟頫的《斗茶图》，是一幅充满生活气息的风俗画。画面有四个人物，身边放着几副盛有茶具的茶担。左前一人，足穿草鞋，一手持茶杯，另一手提茶桶，袒胸露臂，似在夸耀自己的茶质香美。身后一人双袖卷起，一手持杯，另一手提壶，正将茶水注入杯中。右旁站立两人，双目凝视，似在倾听对方介绍茶的特色，准备回击。图中，人物生动，布局严谨。人物模样，不似文人墨客，而像走街串巷的货郎，这说明当时斗茶已深入民间。

明朝唐寅的《事茗图》画的是：一座青山环抱、溪流围绕的小村庄，参天古松下茅屋数椽，屋中一人置茗若有所待，小桥上有一老翁依杖缓行，后随抱琴书童，似若应约而来。细看侧屋，则有一人正精心烹茗。画面清幽静谧，而人物传神，流水有声，静中有动。

明朝丁云鹏的《玉川烹茶图》，画面是花园的一角，两棵高大芭蕉下的假山前坐着主人卢仝——玉川子，一个老仆人提壶取水而来，另一老仆

明朝·唐寅《事茗图》

明朝·丁云鹏《玉川烹茶图》

唐朝·阎立本《斗茶图》

人双手端来捧盒。卢仝身边石桌上放着待用的茶具，他左手持羽扇，双目凝视熊熊炉火上的茶壶，壶中松风之声隐约可闻。那种悠闲自得的情趣，跃然画面。

清朝画家薛怀的《山窗洪供》图，清远透逸，别具一格。画中有大小茶壶及茶盏各一，自题五代胡峤诗句:“沾牙旧姓余甘氏，破睡当封不夜侯”，并有当时诗人朱星诸所题六言诗一首：“洛下备罗案上，松陵兼列径中，总待新泉治火，相从栩栩清风。”此画用枯笔勾勒，明暗向背，十分朗豁，立体感强，极似现代素描画。可见，清乾隆年间已开始出现采用此种画法的画家。

雕刻作品，现存的北宋妇女烹茶画像砖是其中之一。这块画像砖刻的是一高髻妇女，身穿宽领长衣裙，正在长方炉灶前烹茶，她两手精心擦拭茶具，凝神专注，目不旁顾。炉台上放着茶碗和带盖执壶，整个画面造型优美古雅，风格独特。

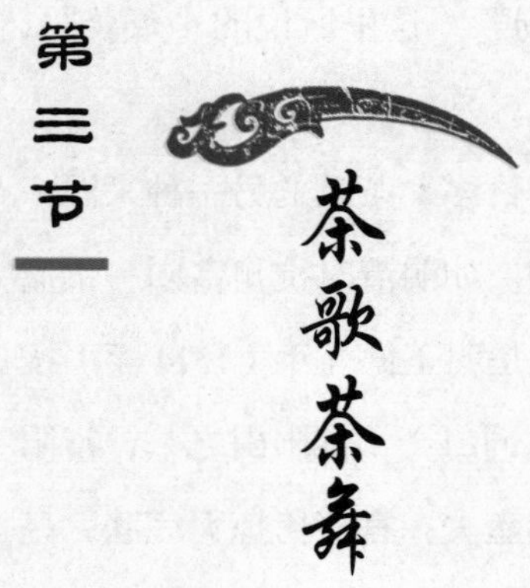

第三节 茶歌茶舞

茶歌、茶舞和茶与诗词的情况一样，是由茶叶生产、饮用这一主体文化派生出来的一种茶文化现象。它们的出现，不只是在我国歌、舞发展的较迟阶段上，也是在我国茶叶生产和饮用成为社会生产、生活的经常内容以后才见的事情。从现存的茶史资料来说，茶叶成为歌咏的内容，最早见

茶具

于西晋孙楚的《出歌》，其称“姜桂茶荈出巴蜀”，这里所说的“茶荈”，就是指茶。

由文人的作品而变成民间歌词的，唐诗中有许多。茶歌的另一种来源，是由谣而歌，民谣经文人的整理配曲再返回民间。如明清时杭州富阳一带流传的《贡茶鲥鱼歌》，即属这种情况。这首歌，是明正德九年（1514年）按察佥事韩邦奇根据《富阳谣》改编为歌的。其歌词曰：“富阳山之茶，富阳江之鱼，茶香破我家，鱼肥卖我儿。采茶妇，捕鱼夫，官府拷掠无完肤，皇天本圣仁，此地一何辜？鱼兮不出别县，茶兮不出别都，富阳山何日摧？富阳江何日枯？山摧茶已死，江枯鱼亦无，山不摧江不枯，吾民何以苏！”歌词通过一连串的问句，唱出了富阳地区采办贡茶和捕捉贡鱼，百姓遭受的侵扰和痛苦。后来，韩邦奇也因为反对贡茶触犯皇上，以“怨谤阻绝进贡”罪，被押囚京城的锦衣狱多年。

茶歌的另一个也是主要的来源，即完全是茶农和茶工自己创作的民歌或山歌。如清朝流传在江西每年到武夷山采制茶叶的劳工中的歌，其歌词称：

清明过了谷雨边，背起包袱走福建。想起福建无走头，三更半夜爬上楼。三捆稻草搭张铺，两根杉木做枕头。想起崇安真可怜，半碗腌菜半碗盐。茶叶下山出江西，吃碗青茶赛过鸡。采茶可怜真可怜，三夜没有两夜眠。茶树底下冷饭吃，灯火旁边算工钱。武夷山上九条龙，十个包头九个穷。年轻穷了靠双手，老来穷了背竹筒。

类似的茶歌，除江西、福建外，浙江、湖南、湖北、四川各省的地方志中，也都有不少记载。这些茶歌，开始未形成统一的曲调，后来，孕育产生出了专门的“采茶调”，致使采茶调和山歌、盘歌、五更调、川江号子等并列，发展成为我国南方的一种传统民歌形式。当然，采茶调变成民歌的一种格调后，其歌唱的内容就不一定限于茶事或与茶事有关的范围了。采茶调是汉族的民歌，在我国西南的一些少数民族中，也演化产生了不少诸如“打

采茶调

茶调”“敬茶调”“献茶调”等曲调。

以茶事为内容的舞蹈，可能发轫甚早，但元明清期间，是我国舞蹈的一个中衰阶段，所以，史籍中，有关我国茶叶舞蹈的具体记载很少。现在能知的，只是流行于我国南方各省的“茶灯”或“采茶灯”。茶灯和马灯、霸王鞭等，是过去汉族比较常见的民间舞蹈形式。茶灯，是福建、广西、江西和安徽“采茶灯”的简称。它在江西被称为“茶篮灯”和“灯歌”；在湖南、湖北，则称为“采茶”和“茶歌”；在广西又称为“壮采茶”和“唱采舞”。这一舞蹈不仅各地名字不一，跳法也有不同。但是，一般基本上是由一男一女或一男二女（也可有三人以上）参加表演。舞者腰系绸带，男的手持一钱尺（鞭）作为扁担、锄头等，女的左手提茶篮，右手拿扇，边歌边舞，主要表现姑娘们在茶园的劳动生活。

我国是茶叶文化的肇创国，也是世界上唯一由茶事发展产生独立的剧种——“采茶戏”的国家。所谓采茶戏，是指流行于江西、湖北、湖南、安徽、福建、广东、广西等省区的一种戏曲类别，还以流行的地区不同，而冠以各地的地名来加以区别。如广东的“粤北采茶戏”，湖北的“阳新采茶戏”“黄梅采茶戏”“蕲春采茶戏”等。这种戏，尤以江西较为普遍，

茶灯

剧种也多，如“赣南采茶戏”“抚州采茶戏”“南昌采茶戏”“武宁采茶戏”“赣东采茶戏”“吉安采茶戏”“景德镇采茶戏”和“宁都采茶戏”等。这些剧种虽然名目繁多，但它们形成的时间，大致都在清朝中期至清朝末年的这一阶段。

采茶戏，是直接由采茶歌和采茶舞发展而来的。如采茶戏变成戏曲就要有曲牌，其最早的曲牌名就叫作“采茶歌”。再如采茶戏的人物表演，又与民间的“采茶灯”极其相近，茶灯舞一般为一男一女或一男二女，所以，最初的采茶戏，也叫作“三小戏”，即二小旦、一小生或一旦一生一丑参加演出。另外，有些地方的采茶戏，如蕲春采茶戏，在演唱形式上，也多少保持了过去民间采茶歌、采茶舞的一些传统。其特点是一唱众和，即台上一名演员演唱，其他演员和乐师在演唱到每句句末时，和唱“啊嗬”“咿哟”之类的帮腔。演唱、帮腔、锣鼓伴奏，使曲调更婉转，节奏更鲜明，风格独具，也更带泥土的芳香。因此，可以这样说，如果没有采茶和其他茶事劳动，也就不会有采茶歌和采茶舞；如果没有采茶歌、采茶舞，也就不会有广泛流行于我国南方众多省区的采茶戏。所以，采茶戏不仅与茶有关，而且是茶叶文

老茶馆戏园子

化在戏曲领域派生或戏曲文化吸收茶叶文化形成的一种灿烂文化内容。

茶对戏曲的影响，不仅直接产生了采茶戏，更为重要的是，剧作家、演员、观众都喜欢饮茶，茶文化浸染在他们生活的各个方面，以至戏剧也须臾不能离开茶。如明朝我国剧本创作中有一个艺术流派叫作“玉茗堂派”（也称临川派），是因大剧作家汤显祖嗜茶，将其临川的住处命名为“玉茗堂”而产生的。汤显祖的剧作，注重抒写人物情感，讲究辞藻，其作品《玉茗堂四梦》刊印后，对当时和后世的戏剧创作，有着不可估量的影响。又如过去不仅弹唱、相声、大鼓、评话等曲艺大多在茶馆演出，而且各种戏剧演出的剧场都兼营卖茶或最初设在茶馆。所以，在明、清时，凡是经营型的戏剧演出场所一般统称为“茶园”或“茶楼”。那时，戏曲演员演出的收入是由茶馆支付的。换句话说，早期的戏院或剧场，其收入是以卖茶为主，只收茶钱，不卖戏票，演戏是为娱乐茶客和吸引茶客服务的。所以，有人也形象地称：“戏曲是我国用茶汁浇灌起来的一门艺术。”

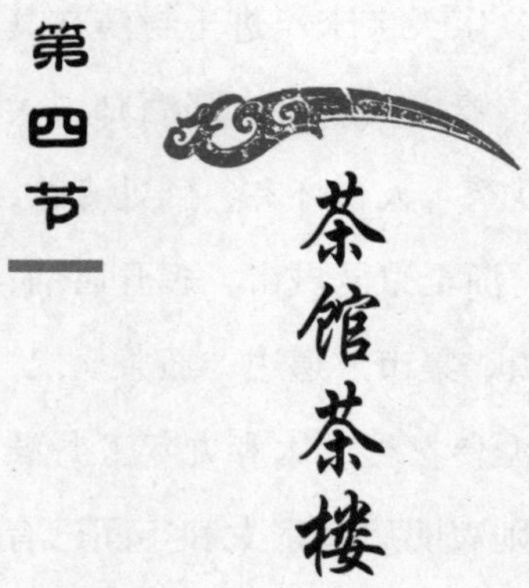

第四节 茶馆茶楼

茶馆、茶楼最早的雏形是茶摊、茶肆，中国最早的茶摊出现于晋代。据《广陵耆老传》记载：“晋元帝时有老姥，每日独提一器茗，往市鬻之，市人竞买。”也就是说，当时已有人将茶水作为商品在集市上进行买卖了。不过这还属于流动摊贩，不能称为“茶馆”。此时茶摊所起的作用仅仅是为人解渴而已。

上海豫园——茶园

唐玄宗开元年间，出现了茶馆的雏形。唐玄宗天宝末年进士封演在其《封氏闻见记》卷六《饮茶》记载：“开元中，泰山灵岩寺有降魔师，大兴禅教。学禅，务于不寐，又不夕食，皆许其饮茶。人自怀夹，到处煮饮，从此转相仿效，遂成风俗。自邹、齐、沧、棣，渐至京邑城市，多开店铺，煎茶卖之。不问道俗，投钱取饮。”这种在乡镇、集市、道边“煎茶卖之”的“店铺”，就是茶馆的雏形。《旧唐书·王涯传》记“太和九年五月涯等仓皇步出，至永昌里茶肆，为禁兵所擒”，则表明唐文宗太和年间已有正式的茶馆。大唐中期国家政治稳定，社会经济空前繁荣，加之陆羽《茶经》的问世，使得“天下益知饮茶矣”，因而茶馆不仅在产茶的江南地区迅速普及，也流传到了北方城市。此时，茶馆除予人解渴外，还兼有予人休息、供人进食的功能。

至宋朝，便进入了中国茶馆的兴盛时期。张择端的名画《清明上河图》生动地描绘了当时繁盛的市井景象，再现了万商云集、百业兴旺的情形，其中亦有很多的茶馆。而孟元老的《东京梦华录》中的记载则更让人感受

重庆丰盛古镇　仁寿茶馆

吴江市同里古镇　南园茶社戏台

到当时茶肆的兴盛："东十字大街曰从行裹角，茶坊每五更点灯，博易买卖衣服图画、花环领抹之类，至晚即散，谓之鬼市子……归曹门街，北山于茶坊内，有仙洞、仙桥，仕女往往夜游吃茶于彼。"南宋小朝廷偏安江南一隅，定都临安（今杭州），统治阶级的骄奢、享乐、安逸的生活使杭州这个产茶地的茶馆业更加兴旺发达起来。当时的杭州不仅"处处有茶坊"，且"今之茶肆，刻花架，安顿奇松异桧等物于其上，装饰店面，敲打响盏歌卖"。《都城纪胜》中记载："大茶坊张挂名人书画……多有都人子弟占此会聚，习学乐器或唱叫之类，谓之挂牌儿。"宋朝时茶馆具有很多特殊的功能，如供人们喝茶聊天、品尝小吃、谈生意、做买卖、进行各种演艺活动、行业聚会等。

到明清之时，品茗之风更盛。社会经济的进一步发展使得市民阶层不断扩大，民丰物富造成了市民对各种娱乐生活的需求，而作为一种集休闲、饮食、娱乐、交易等功能于一体的多功能大众活动场所，茶馆成了人们的首选。因此，茶馆业得到了极大的发展，形式愈加多样，茶馆功能也愈加丰富。

近现代，茶馆一度衰微。改革开放以来，中国的经济迅猛发展，人们生

天福源茶楼

活水平的提高直接导致了人们对精神生活的追求。茶馆作为文化生活的一种形式也悄然恢复，茶馆已成为人们业余生活的重要选择之一。为了满足人们多方面的消费需求，茶馆这一古老的行业开始吸纳新鲜的时代精神，于是出现了“书茶馆”“音乐茶座”等既高雅又休闲的新茶馆。

书茶馆，即设书场的茶馆。清末民初，北京出现了以短评书为主的茶馆。这种茶馆，上午卖清茶，下午和晚上请艺人临场说评书，行话为“白天”“灯晚儿”。书茶馆直接把茶与文学相联系，给人以历史知识，又达到消闲、娱乐的目的，老少皆宜。茶客可以边听书，边饮茶，倒也优哉游哉，乐乐陶陶。

音乐茶座是既品茶又娱乐的文化场所，在唐朝已有雏形。不过其正式出现，却是 20 世纪以来的事，特别是 80 年代以来，随着改革开放以及国内外文化交流的不断加强，在一些大、中城市里，音乐茶座应运而生。音乐茶座一般选择在幽雅的场所，并配以柔和多彩的灯光，以饮茶品点、欣赏文艺演出为内容。音乐茶座的形式多样，内容丰富。人们可以品茶自娱，也可以约上几个朋友，在音乐的伴奏下，翩翩起舞，还可以在啜饮纳凉的同时，进行各种交流。

第五节 茶礼茶俗

茶俗是民间风俗的一种，它是民族传统文化的积淀，也是人们心态的折射，它以茶事活动为中心贯穿人们的生活，并且在传统的基础上不断演变，成为人们文化生活的一部分，它内容丰富，各呈风采。

一、茶与婚礼

男婚女嫁时，男方要用一定的彩礼把女子迎娶过来。由于婚姻事关男女的一生幸福，所以，对大多数男女的父母来说，彩礼虽具有一定的经济价值，但更值得重视的还是那些消灾祐福的吉祥之物。茶在我国各族的彩礼中，有着特殊的意义。明人郎瑛在《七

喜茶茶杯

茶具

修类稿》中，有这样一段说明：“种茶下籽，不可移植，移植则不复生也，故女子受聘，谓之吃茶。又聘以茶为礼者，见其从一之义。”从中可以看到当时彩礼中的茶叶，赋予了封建婚姻中的“从一”意义，从而作为整个婚礼或彩礼的象征而存在了。我国古代种茶，如陆羽《茶经》所说的“凡艺而不实，植而罕茂”，由于当时受科学技术水平的限制，一般认为茶树不宜移栽，故大多采用茶籽直播种茶。道学者为了把“从一”思想也贯穿在婚礼之中，就把当时种茶采取直播的习惯说为“不可移栽”，并在众多的婚礼用品中，把茶叶列为必不可少的首要礼物。如今我国许多农村仍把订婚、结婚称为“受茶”“吃茶”，把订婚的定金称为“茶金”，把彩礼称为“茶礼”等，即是我国旧时婚礼的遗迹。

在迎亲或结婚仪式中，茶主要用于新郎、新娘的“交杯茶”“和合茶”，或向父母、尊长敬献的“谢恩茶”“认亲茶”等仪式。所以，有的地方也直接称结婚为“吃茶”。

二、民族茶饮

中国是一个幅员辽阔、民族众多的国家，各族人民有着不同的饮茶习俗，真可谓“历史久远茶故乡，绚丽多姿茶文化”。

擂茶

擂茶。顾名思义，就是把茶和一些配料放进擂钵里擂碎冲沸水而成擂茶。福建西北部，广东的揭阳、普宁等地，湖南的桃花源一带，很多民族也有喝擂茶的风俗。

龙虎斗茶。云南西北部深山老林里的民族，喜欢在瓦罐里用开水把茶叶熬得浓浓的，而后把茶水冲放到事先装有酒的杯子里与酒调和，有时还加上一个辣子，当地人称它为“龙虎斗茶”。

竹筒茶。将清毛茶放入特制的竹筒内，在火塘中边烤边捣压，直到竹筒内的茶叶装满并烤干，就剖开竹筒取出茶叶用开水冲泡饮用。竹筒茶既有浓郁的茶香，又有清新的竹香。云南西双版纳的傣族同胞喜欢饮这种茶。

锅帽茶。在锣锅内放入茶叶和几块燃着的木炭，用双手端紧锣锅上下抖动几次，使茶叶和木炭不停地均匀翻滚，等到有缕缕青烟冒出和闻到浓郁的茶香味时，便把茶叶和木炭一起倒出，用筷子快速地把木炭拣出去，再把茶叶倒回锣锅内加水煮几分钟就可以了。布朗族同胞喜欢饮锅帽茶。

盖碗茶。在有盖的碗里放入茶叶、碎核桃仁、桂圆肉、红枣、冰糖等，然后冲入沸水盖好盖子。来客泡盖碗茶一般要在吃饭之前，倒茶是要当面将碗盖揭开，并用双手托碗捧送，以表示对客人的尊敬。沏盖碗茶是回族同胞的饮茶习俗。

婆婆茶。新婚苗族妇女常以婆婆茶招待客人。婆婆茶的做法是：平时将要去壳的南瓜子和葵花子、晒干切细的香樟树叶尖以及切成细丝的嫩腌生姜放在一起搅拌均匀，储存在容器内备用。要喝茶时，就取一些放入杯中，再以煮好的茶汤冲泡，边饮边用茶匙舀食，这种茶就叫作婆婆茶。

虫茶。它是一种制法奇特、极富民族风俗的特产茶。虫茶是把采摘的茶树鲜叶和部分香树叶混合放在竹篓或大木桶里，浇上淘米水，让其自然发酵。数天后便散发出一种特有的气味，这种气味会招引一种叫“化

虫茶

香夜蛾”的昆虫成群来此安家落户，生育繁衍。它的幼虫特别喜食腐烂的茶叶和香树叶，并排出一粒粒比菜籽还小的虫屎。把这种虫屎收集起来晒干便是虫茶。饮用虫茶时要先在杯中倒入开水，后放入适量虫茶，盖好杯盖。虫茶粒先漂浮在水面，待其缓缓下沉到杯底并开始溶化时即可饮用。虫茶泡出的汤清香宜人，沁人心肺。饮之令人顿感心旷神怡。

湖南城步苗族自治县五岭山区的苗族同胞尤爱饮虫茶，所以虫茶又叫城步虫茶，它是一种速溶性饮料。

腌茶。即把新茶叶放在大缸里，撒上适量的盐，然后用石块压紧盖好，

茶馆一角

经过数月后（一般是三个月）再拿出来饮用。此茶香气和滋味都别有风味，由于像腌白菜一样，所以叫腌茶。部分彝族同胞爱喝腌茶。

砂罐茶。把冲洗干净的小砂罐置于火塘旁烘烤，等砂罐烤温热了，再把茶叶放进去，手握砂罐在火上慢慢摇晃，等砂罐内的茶叶散发出悦鼻的馨香时，便可将滚烫的开水冲进砂罐里，盖上罐盖，闷上三分多钟，砂罐茶便沏成了。我国长江三峡一带的老百姓醉心于砂罐茶，他们觉得只有喝这种茶才够味、才过瘾，喝后五脏六腑都熨帖，无比畅快。

三道茶。分三次用不同的配料泡茶，风味各异，概括为“头苦二甜三回味”。头道茶为苦茶，把茶叶放入小陶罐中用小火烤至微黄并有清香味时，向茶罐内冲入沸水，泡成浓酽的茶汁倒入杯中饮用，此茶味浓且苦，故称苦茶。第二道茶为甜茶，它是茶叶嫩芽和核桃仁、烤乳扇、冰糖蜜饯或者蜂蜜等用沸水冲泡而成。此茶甜滋滋的，故称甜茶。第三

酥油茶

道茶为回味茶，它是用茶叶嫩叶加生姜片、花椒、桂皮末、红糖等用滚烫的开水冲泡而成。此茶麻、辣、甜、苦各味皆有，饮之使人回味，故称回味茶。云南大理的白族同胞爱饮三道茶，并用三道茶待客。三道茶喻示着人生有苦有甜，苦尽甘来，令人回味无穷。小小三道茶折射出白族同胞对人生哲理的感悟。

土锅茶。用土锅或土罐烧水，待水烧开时再把新鲜的茶叶直接放入土锅或土罐内，并继续加水烧，直至烧到茶汤很浓时为止。哈尼族同胞爱饮这种茶，称它为“土锅茶”。

酥油茶。藏族同胞特别爱饮酥油茶。酥油茶的一般做法是将茶叶捣碎，在锅中熬煮后，用竹筛滤出茶渣，将茶汁倒入预先放有酥油和食盐的桶内，用打茶工具在桶内不停地搅拌，使酥油充分而均匀地溶于茶汁中，然后装入壶内放在微火上以便随时趁热取饮。较高档的酥油茶还得加上事先就炒熟的碎花生米、核桃仁或者糖和鸡蛋。酥油茶既可单独饮用也可在吃糌粑时饮用。

酥油茶

盐奶茶。将青砖茶敲碎，取50克左右的茶叶放到能装四五斤水的铜壶或铁祸内，用沸水冲沏后再在微火上煮沸几分钟或直接用冷水煮开，等汤色浓后掺入一两勺奶和一些盐即成盐奶茶。蒙古族和藏族牧民爱喝盐奶茶。他们每天早晨煮一大壶置于微火上，趁热边喝盐奶茶边吃炒米和酪蛋子（奶酪），一直到吃饱为止。

铁板茶。先把茶叶放在薄铁板或瓦片上面烘烤，待闻到茶香味时倒入事先准备好的锅里熬煮几分钟。这种茶色如琥珀，味酽香高。由于在铁板上烘烤，所以叫铁板茶。佤族同胞爱饮铁板茶。

打油茶。贵州的布依族，广西的侗族、苗族同胞都爱喝打油茶。不过，他们的做法略有不同。布依族的打油茶做法是，先把黄豆、玉米、糯米等用油炒熟混合放在茶碗里，然后用油把茶叶炒香后放入少量的姜、葱、盐和水煮，直到沸腾为止，去渣后倒入茶碗里拌匀即成打油茶。布依族同胞有“早茶一盅，一天威风；午茶一盅，劳动轻松；晚茶一盅，全身疏通；一天三盅，雷打不动”之说。

岳飞茶。岳飞茶亦称“姜盐豆子茶”“六合茶”，是汉族民的传统饮料，流传于湖南湘阴、汨罗地区。岳飞茶用姜、盐、黄豆、芝麻、茶叶、开水混合而成。相传为南宋岳飞所创，曾用于治疗军中患病将士，后传至民间，流传至今。其做法是先将清水注入瓦罐，在柴火灶的火灰中烧开，黄豆和芝麻要在铁皮小铲上炒熟，手提老姜在铲的背面棱之间来回摩擦，制成姜渣与姜汁，泡茶时先将茶叶在瓦罐里泡开，然后将盐、姜汁与姜渣倒入瓦罐里拌均匀，倒入茶杯，再将炒熟的黄豆和芝麻放进茶杯里即成，喝时既咸又香，风味独特。

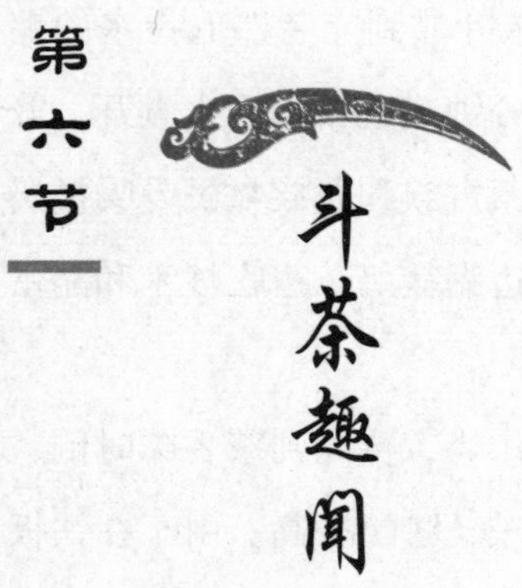

第六节 斗茶趣闻

在茶文化的发展过程中，斗茶以其丰富的文化内涵，为茶文化增添了灿烂的光彩。斗茶又称“茗战”，就是品茗比赛，意为把茶叶质量的评比当作一场战斗来对待。

斗茶源于唐，而盛于宋。它是在茶宴基础上发展而来的一种风俗。茶宴

武夷山茶博园的斗茶雕塑

茶

的盛行、民间制茶和饮茶方式的日益创新，促进了品茗艺术的发展，于是斗茶应运而生。五代词人和凝官至左仆射、太子太傅，封鲁国公。他嗜好饮茶，在朝时“牵同列递日以茶相饮，味劣者有罚，号为‘汤社’”（《清异录》）。“汤社”的创立，开了宋朝斗茶之风的先河。不过，斗茶的产生，主要出自贡茶。一些地方官吏和权贵为了博得帝王的欢心，千方百计献上优质贡茶，为此先要比试茶的质量。而作为民俗的斗茶，常常是相约三五知己，各取所藏好茶，轮流品尝，决出名次，以分高下。

宋朝还流行一种技巧性很高的烹茶游艺，叫作“分茶”。陆游《临安春雨初霁》诗曰“矮纸斜行闲作草，晴窗细乳戏分茶”，指的就是这种烹茶游艺。玩这种游艺时，要碾茶为末，注之以汤，以筅击拂，这时盏面上的汤纹就会幻变出各种图样来，犹如一幅幅水墨画，故有“水丹青”之称。斗茶和分茶在点茶技艺方面因有若干相同之处，因此有人认为分茶也是一种斗茶。此说虽不无道理，但就其性质而言，斗茶是一种茶俗，分茶则主要是茶艺。

参考文献

[1] 陈文华.茶文化基础知识：文化生活篇[M].北京：中国农业出版社，2006.

[2] 王玲.中国茶文化[M].北京：九州出版社，2009.

[3] 蔡荣章.茶道入门三篇：制茶、识茶、泡茶[M].北京：中华书局，2006.

[4] 编委会.大中国上下五千年：中国茶文化、大中国上下五千年[M].北京：外文出版社，2010.

[5] 陆羽，钟强.茶经[M].哈尔滨：黑龙江科学技术出版社，2010.

[6] 王从仁.中国茶文化[M].上海：上海古籍出版社，2001.

[7] 张忠良，毛先颉.中国世界茶文化[M].北京：时事出版社，2006.

[8] 程启坤，姚国坤，张莉颖.茶及茶文化二十一讲[M].上海：上海文化出版社，2010.

[9] 徐晓村.茶文化学[M].北京：首都经济贸易大学出版社，2009.

[10] 徐明.茶与茶文化[M].北京：中国物资出版社，2009.

[11] 林清玄.平常茶非常道[M].石家庄：河北教育出版社，2008.

[12] 陈文华.中国茶文化学[M].北京：中国农业出版社，2006.

[13] 朱自振，沈冬梅，增勤.中国古代茶书集成[M].上海：上海文化出版社，2010.

[14] 黄志根. 中华茶文化 [M]. 杭州: 浙江大学出版社, 2000.
[15] 赵玉香, 俞元宵. 茶叶鉴赏购买指南 [M]. 长春: 时代文艺出版社, 2011.
[16] 赵英立. 喝茶的智慧: 养生养心中国茶 [M]. 长沙: 湖南美术出版社, 2010.
[17] 丁以寿. 中国茶文化 [M]. 合肥: 安徽教育出版社, 2011.
[18] 双鱼文化, 张林凯. 鉴茶泡茶 ABC [M]. 江苏: 凤凰出版社, 2010.
[19] 王惟恒. 茶文化与保健药茶 [M]. 北京: 人民军医出版社, 2006.
[20] 卢琼. 大器晚成普洱茶 [M]. 北京: 新世界出版社, 2009.
[21] 曾楚楠, 叶汉钟. 潮州工夫茶话 [M]. 广州: 暨南大学出版社, 2011.
[22] 查俊峰, 尹寒. 茶文化与茶具 [M]. 成都: 四川科学技术出版社, 2004.
[23] 屠幼英. 茶与健康 [M]. 北京: 世界图书出版公司, 2011.
[24] 杨耀文. 文化名家吃茶记 [M]. 北京: 中央编译出版社, 2011.
[25] 徐亚和. 中国普洱茶文化大观 [M]. 昆明: 云南美术出版社, 2009.
[26] 阮浩耕. 纪茗 [M]. 杭州: 浙江摄影出版社, 2006.
[27] 双鱼文化. 中国名茶 [M]. 江苏: 凤凰出版社, 2010.
[28] 黄仲先. 中国古代茶文化研究 [M]. 北京: 科学出版社, 2010.
[29] 马明博, 肖瑶. 清香四溢的柔软时光: 文化名家话茶缘 [M]. 北京: 中国青年出版社, 2009.
[30] 林治. 中国茶艺学 [M]. 北京: 世界图书出版公司, 2011.
[31] 于观亭. 中国茶膳 [M]. 北京: 中国农业出版社, 2003.
[32] 汪国钧. 中国茶菜茶点(修订版)[M]. 济南: 山东科学技术出版社, 2005.
[33] 杨昆宁. 中国茶文化艺术论 [M]. 昆明: 云南教育出版社, 2006.
[34] 王建荣, 赵燕燕, 郭丹英. 中国茶具百科 [M]. 济南: 山东科学技术出版社, 2007.

图片授权

中华图片库

北京全景视觉网络科技有限公司

林静文化摄影部